YINSHUASHI
文明之光
中国印刷史话

中国印刷博物馆　组织编写
谷　舟　主编

九州出版社 JIUZHOUPRESS｜全国百佳图书出版单位

图书在版编目（CIP）数据

文明之光：中国印刷史话 / 谷舟主编 . — 北京 ：九州出版社，2018.10（2022.11重印）

ISBN 978-7-5108-7580-9

Ⅰ．①文… Ⅱ．①谷… Ⅲ．①印刷史—中国—青少年读物 Ⅳ．① TS8-092

中国版本图书馆 CIP 数据核字（2018）第 253371 号

文明之光：中国印刷史话

作　　者　谷　舟　主编
出版发行　九州出版社
地　　址　北京市西城区阜外大街甲 35 号（100037）
发行电话　(010)68992190/3/5/6
网　　址　www.jiuzhoupress.com
电子信箱　jiuzhou@jiuzhoupress.com
印　　刷　山东海印德印刷有限公司
开　　本　850 毫米 ×1168 毫米　16 开
印　　张　13.25
字　　数　212 千字
版　　次　2018 年 12 月第 1 版
印　　次　2022 年 11 月第 3 次印刷
书　　号　ISBN 978-7-5108-7580-9
定　　价　68.00 元

本书编委会

主　编：谷　舟

编　委：（按姓氏笔画排序）

　　　　方　媛　李　英　张　贺

　　　　赵春英　高　飞　谭栩炘

前　言

印刷不仅是一门技术，更是一种文化。

印刷术作为中国古代"四大发明"之一，至今已有1400多年的历史，在印刷术发展的历史长河中，印刷工人们不断探索创新，为后世遗留了大量的印刷珍品，而印刷技术亦不断革新，与人民生活愈发紧密。如今我们日常所用的书籍、报刊、钞票都是得益于这项古老技术的发明与运用。此外，我们的电脑主板、身份证、食品包装袋上的图文信息都与印刷术有关。可以说，印刷术融入了人们衣、食、住、行各个方面，它已成为了我们生活中必不可少的一个重要组成部分。

中国印刷术的发展至今已经历了三个高峰：雕版印刷、活字印刷、激光照排。雕版印刷的出现极大地推动了书籍的出版和教育的传播，为唐以来中华文化的兴盛奠定了重要基础。活字印刷是对雕版印刷发展进行进一步改革，较好地提高了印刷速度，

节省了印刷原料。受"活字之祖"毕昇泥活字的影响，世人又发展出了木活字、铜活字、锡活字、铅活字等。尤其是德国的谷登堡受中国活字印刷术的影响，发明了铅活字印刷，带来了近现代文明的曙光，推动了欧洲文艺复兴、启蒙运动的开启，促进了人类文明的发展。被誉为"当代毕昇"的王选在1975年带领团队进行科技攻关，在多个研发团队齐头并进下，王选团队终于研制出汉字激光照排技术，让汉字插上了信息化的翅膀，在计算机上实现了处理使用汉字。这项技术进步，使印刷告别了"铅与火"，迎来了"光与电"。我们如今能读书、看报都得感谢王选，就像每天用电灯时要感谢爱迪生一样。印刷术的发展极大地推动了书籍的普及，让更多的人得以接受知识的熏陶，所以我们说印刷术是"文明之母"。

每一种印刷技术发展与革新的背后，都有着说不完的故事。有辉煌，有辛酸，亦有感动。时过境迁，这些尘封的技艺或见于一本毫不起眼的古籍，或一件锈迹斑斑的机械，或布满文字符号的键盘。它们的精神与文化已逐步融入了我们的生活之中，让我们觉得使用起来是那么的理所当然，逐渐用而不知，用而不觉。当重拾印刷技艺、翻阅印刷文物时，我们不禁会深深叹服先人的智慧。中国印刷博物馆系统地收藏了印刷术起源、发展、传播等不同时期的文物。通过研究这些不同历史时期的文物，我们得以与千年前的古人对话，细细感触印刷文化的无穷魅力。

印刷技术的进步，为中国社会发展带来了深远的影响。这种变化所潜藏的文化信息影响着一代又一代的中国人。自古以来，读书一直被国人奉为人生第一等好事。如今我们的书都是印刷而来，印刷术承载着中华优秀文化，守护着中华民族几千年来的文化宝藏，是中华优秀文化的典型代表。此书以中国印刷博物馆馆藏文物及相关印刷文物为基础，讲述印刷术起源、发展、传承、传播过程中的一些故事，科普性地阐述印刷发展史，希望读者从中更多地了解我国悠久灿烂的印刷文化，坚定文化自信，做一个自信的中国人。

十三届全国政协委员

中国印刷博物馆党组书记/馆长

中国出版博物馆筹建办公室主任

2018年12月

目 录

第二章　雕版篇 / 031

第三章　活字篇 / 065

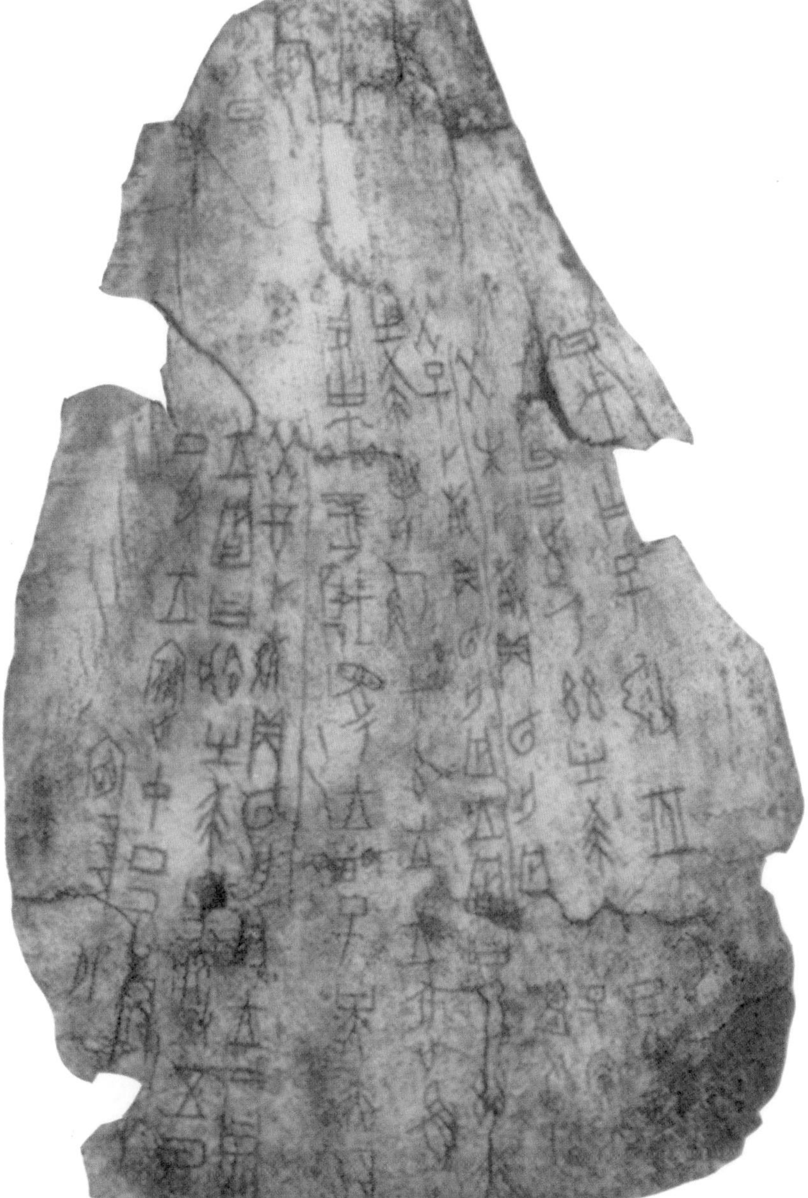

第一章 起源篇

引

印刷术可能是世界上最神奇的一种技术，它是将文字或图案批量复制在纸张等材料的表面的技术。书籍上的文字、衣服上的图案、键盘上的字母符号，都是使用印刷术复制出来的。因此，印刷工人们曾自豪地说：除了空气与水不能印刷外，印刷在我们的生活中几乎无处不在。

这项与我们的生活息息相关的技术是由智慧的中国人民发明的。早在1400多年前，出于对知识的渴望，勤劳智慧的隋唐人民在木版上刻字，然后用墨水刷印，实现了书籍的批量复印。这种技术一经发明，便开始广为流传，极大地推动了教育的发展和知识的传播，从而造就了中华文明的千年辉煌。随着印刷术工艺的逐步改进，如今，我们的印刷不再使用木版和墨水，而是运用大机械，工艺日渐复杂，并且实现了数字印刷，在电脑上即可实现印刷的设计过程，而不用再如1000年前的古人那般刻版刷墨。

在这1000多年的历史中，我们的印刷术是如何发展起来的呢？是如何实现从以前的手工刻版到现在的电脑操作的呢？这中间，不仅印刷工具发生了变化，而且印刷的方式与效率都产生了巨变。要想了解我国印刷术产生与发展的历史，就请来中国印刷博物馆吧！我们将为您讲述印刷传播时代的故事，告诉你印刷术从何而来！

汉字从何而来

陶器上的符号

印刷的主要对象之一是汉字，那么汉字是怎么来的呢？一些人认为，汉字是由黄帝的史官仓颉通过观察鸟兽的足迹创造出来的。100多年前，人们对此仍深信不疑。直到现代，通过一系列的考古发现，我们才重新开始了解中国汉字的产生。

20世纪80年代，考古学家在河南省贾湖村一座8000多年前的遗址中发现了不少陶罐、龟甲、骨头工具，这些器物与同时期的器具没有什么差别，然而特殊之处是它们上面有一些符号，而这些符号与四五千年后商朝甲骨文比较接近。尤其是一件龟甲上刻着一个人眼形的符号，与甲骨文几乎相差无二，这可能是中国最原始的文字。此外，我国考古学家在山东省莒县大汶口文化遗址中发现了一尊用来盛水的大口尊。该尊上有一个符号，表示一轮太阳从山上冉冉升起。经考证，这是我国最古老的"旦"字写法。此文字符号也出现在了英国伦敦奥运会上，不少英国民众将此符号印在了T恤衫上，将其看作中国文化的代表。

在真正的汉字产生之前，我们古人为了记住事情，会使用一些图画和符号记事的方法。在某一个部落里，一些人用一些

大口尊，刻有一个合体图画会意字"旦"，距今约5000年。

延伸阅读

"仓颉造字"的传说

相传，仓颉是黄帝的史官，有四只眼睛，每只眼睛都有两个瞳孔，生来就有圣德。黄帝统一各部族后，感到以前结绳记事的方法已经不够实用了，于是就命令仓颉创造一种新的记事方式。仓颉冥思苦想了很久，都不得要领。有一次，他在观察鸟兽的足迹时，突然发现任何动物的足迹都是不相同的。然后，他发现天地万物从日月星辰到山川河流，都有它们各自的特点，就像鸟兽的足迹一样。那么，只要创造出展现每一种事物各自特征的符号，就能用来记录不同的事物了。于是，仓颉开始整理、收集各种素材，靠着非凡的洞察力，终于创造出了代表世间万物的各种符号，并给这些符号起名叫作"字"。黄帝知道后大加赞赏，命令他去各个部落传授这些符号，文字就这样被推广并流传开来了。从此，民智开化，文明伊始，仓颉也由此被尊为"造字圣人"。

刻符红陶钵（复制品），距今7000—6000 年。

符号和图画表示某个意思，逐渐扩大到全氏族、全部落乃至多个部落，并形成一定的读音，最终成为可以表达语言的文字。这样，原始的文字便形成了。经过几千年的积累，在商代时终于形成了我国最早的系统文字——甲骨文。甲骨文经过演化，最终变为我们如今使用的简体中文汉字。

万字菱格纹单耳长颈瓶（复制品），距今4300—4000 年。

一片甲骨惊天下

如果回到3000多年前的商代，我们会发现自己如同文盲一般，官方书写的文档，只能连蒙带猜地识别出几个像鱼、马、月亮等的象形文字，如读天书一般。这种文字不同于原始人的刻画符号，也不同于我们如今使用的简体中文。但它是我们当代文字的鼻祖，是我国发现最早的成熟的文字。因为这种对当代人而言十分晦涩难懂的文字主要刻在龟甲、兽骨上，我们便称其为甲骨文。

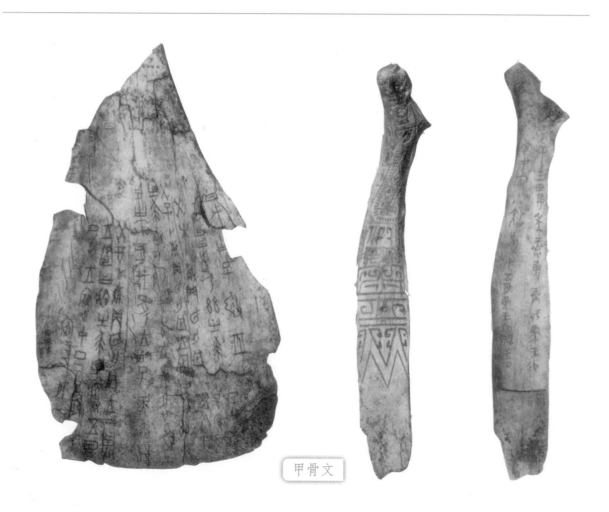

甲骨文

甲骨文

甲骨文是在商代使用的一种文字，只有贵族上层人士才可以使用，普通老百姓几乎没有权利接触到。商朝的贵族在使用完刻有甲骨文的甲骨之后，就将其归档收藏。随着商朝的灭亡，这一批文字在被随后的西周王朝吸收之后，深藏地底，渐渐不为人所知。直到清朝，大学问家王懿荣在熬药时发现其中一味中药"龙骨"上刻有一些与金文类似的古文字，这引起了他的好奇心。经过仔细比对研究，他认定"龙骨"上的刻画符号可能是比西周青铜器金文更早的一种古文字，自此甲骨文渐为世人所知。后人跟据"龙骨"常被发现的地方，找到了河南省安阳市小屯村。在此，考古工作者展开了相关发掘工作，一座掩埋于地下长达3000多年的商王朝宫殿重现于世。它的发现，让世人真真切切地了解到了几千年前灿烂辉煌的中国青铜文明，认识到了中华文化的源远流长。河南省安阳市殷墟遗址的发现被评为中国20世纪"100项重大考古发现"之首。2006年7月，殷墟被联合国科教文组织列入世界文化遗产名录。中国有文字记载的可信历史被提前到了商朝，也因此产生了一门新的学科——甲骨学。

● **延伸阅读**

殷商故事

大部分甲骨出土于河南省安阳市小屯村，这里是商朝后期的都城所在地，这些甲骨可能是商代皇家档案馆的收藏物。目前已发现的甲骨多达15万片，现分别被收藏在很多国家的博物馆中，其中以中国国家图书馆的收藏量为最多。

甲骨中记载的内容非常丰富，主要涉及祭祀、田猎、天气、疾病、征战、天象、农学、王事等内容，向人们展示了商朝历史、文化、社会的面貌，是极其珍贵的历史文献。甲骨占卜在殷商时期达到了顶峰。那是一个充满神秘色彩的时代，人们信奉鬼神，将甲骨占卜当作天人沟通的终极手段，几乎事事都要占卜。有的甲骨上还有关于地震和日食、月食的记载。统治阶级也致力于提升甲骨占卜技术和对卦象的解读能力。所以，我们今天才得以看到数量众多的甲骨文遗存。现已发现的甲骨文字约有5000个，能够解读的有2000个左右，不能解读的多为氏族名字、人名、地名等。

国之重器

——青铜礼器上的故事

在3000多年前的中国，祭祀与战争是一个国家最重要的事情，因为祭祀可以祈求祖先保平安，战争可以护卫国家安稳。西周王朝的统治者深刻明白此道理，大力发展青铜铸造技术，一方面制造当时领先于世界的青铜武器，另一方面制造祭祀所用的青铜礼器。为了彰显文明之邦的文化高度以及奖励功臣，西周的统治者们会在青铜器上铸刻文字。现在，我们将这种文字称为金文。

西周毛公鼎（复制品）

其实，人们在商中晚期就开始在青铜器上铸字，到了西周时期，随着文字变革以及铸铜技术的发展，青铜器冶炼及铭文逐步进入鼎盛时期。中国青铜器最独特的特点是广泛用于祭祀和礼仪，这与西周时期盛行的礼乐制度是密不可分的。通过这些青铜器铭文的记载，我们可以看到一个礼乐制度盛行、君臣有序、注重家族制度的西周社会。西周的青铜器铭文记录了祭祀、赏赐、册命、律令等方面的丰富内容。与甲骨文体现的对鬼神的崇拜相比，金文的内容加强了对王权的尊崇。上层阶级通过铸造青铜器，用铭文的形式记载了天子的赏赐、册封，表明对天子的效忠，追述祖先的丰功伟绩，包括高尚的品德、养育子孙、对外征伐的战功等事迹，不仅有对祖先的颂扬、祭奠，也体现了制造青铜器的人在宗族中的权力。在很多青铜器铭文里都有"子孙永宝用"的固定用语，意思是"希望子孙后代永远珍藏享用"，这是制作青铜器的人对家族能够繁荣昌盛、自己铸造的青铜器能够永世流传的期望。

金文不同于甲骨文，大部分青铜铭文能被后世学者所认识，主要得益于中国历代学者都对金文有所研究。我们后世虽然很少使用金文，但我们的文字是从金文演变而来的，加上金文笔画典雅，一直为历代篆刻家所喜爱，我们如今所刻的私人用章大都还是使用类似金文的篆体字。

● **延伸阅读**

毛公鼎

目前，我国发现所刻金文最多的青铜器是毛公鼎。毛公鼎上有铭文近500个，讲述了西周时期周宣王对毛公的嘉奖与鼓励。毛公为了感谢和称颂周天子的美德，制作了这个鼎。鼎上金文布局典雅，是西周时期文字的典范。毛公鼎现为台北故宫博物院"三宝"之一。

竹简木牍的时代

　　在青铜器金文之后，在纸张作为主要的书写材料普及之前，为了更好地传递信息和文化知识，我们的古人主要是在竹木做成的小板上写字，称为竹简木牍。这种在竹木上写书的传统延续了1000多年的时间。在那段岁月里，古人读的都是竹木书籍，竹木简牍也成为知识分子的身份象征。我们常用"学富五车"来形容一个人学识丰富，而这个成语最早是来形容战国时期博学多才的思想家惠施的。他家的书有五车之多，在书籍资源极为匮乏的战国时期，惠施算的上是一位十分了不起的藏书家了。

　　竹简木牍的书籍形式对中华文化产生了较大影响。由于竹木板书写的特点，每一行文字需自上而下地书写在一块小木片上，这种书写的传统一直延续了下去。即使纸张普

银雀山汉简《孙子兵法》（复制品）

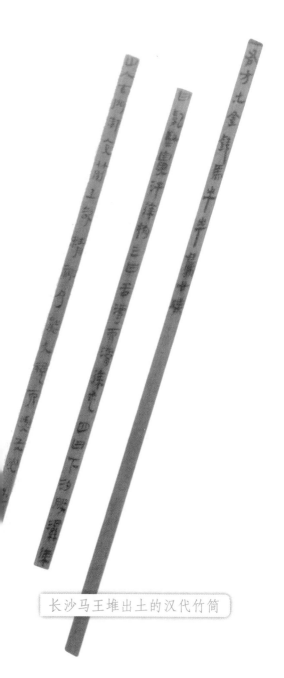

长沙马王堆出土的汉代竹简

及之后，学者们仍延续着从上往下、从右到左的书写习惯。直到近现代，为了书籍印刷出版，自1956年开始，全国大部分报纸期刊开始实现横排，改变了这一延续千年的文化传统。

● 延伸阅读

穿越千年的"更文"

由竹木做成的书籍并不易于保存，加之时代久远、战乱人祸的影响，我国先秦两汉时期的大量典籍都失传了。我们如今看到的竹简木牍，大多是依靠考古发掘而来的。每一次的考古新发现，都会引起史学界和古文字学界的震动。

2016年，南昌市汉代海昏侯墓考古发掘出土了5000余枚竹简，初步释读出《论语》《易经》《礼记》《医术》等多部典籍。在主墓出土的众多竹简中，有一支竹简反面写有"智道"，正面写有"孔子智道之易也，易易云者，三日。子曰：此道之美也，莫之御也"。一般情况下，竹简上的文字多书于一面，此简正反两面均书文字，当为一卷竹书的篇首简。"智道"即为"知道"，当为此卷竹书的篇题。汉代"知""智"互通，此前公布的海昏侯墓出土的竹简上就将《论语》中"知者乐水"一句写为"智者乐水"。由此可知，这枚竹简上所书写的"智道"，就是《汉书·艺文志》所载《齐论语》第22篇的篇题——"知道"。专家断定，基本可以确信，海昏侯墓出土竹书《论语》确系失传1800年的《齐论语》。海昏侯墓《论语》新章节的出土，更新了我们对这本延续几千年之久的古籍的认识。

方块字的演变

文字是印刷的主要对象，文字的规范和广泛使用是印刷术产生的重要条件。我们前面介绍过的甲骨文以及青铜器金文等字体属于古文字阶段。

先秦时期战事不断，各诸侯国争霸中原，文化上百家争鸣，篆书在各国逐渐发展出不同形态。直到秦汉时期，全国统一，文字也向规范化发展，并开启了汉字史上第一次重要变革——隶变。在日常使用中，人们为了方便快速，在书写时逐渐省略一些笔画，将复杂的篆体进行了改写，点滴的形变不断积累，汉字字体完成了从篆书到隶书的过渡，从古体字进入了今体字的阶段。

汉字书体演变图（引自《中国古代印刷史图册》）

东汉末年，开始了汉字发展史上最后一次大变革——楷书出现了。三国时期书法家钟繇的书法作品《宣示表》和《贺捷表》，被认为是现存最早的楷书。魏晋南北朝时期，楷书已达成熟，造就了王羲之等一大批书法名家。至此，汉字字体完成了由繁到简、由随意到规范、由圆到方的不断变化和发展。楷书是汉字演变出的最简化、最规范的字体。印刷术初期所用的字体以及唐宋时代的大量雕版印刷品的字体都是十分规范标准的楷书字体，很多印本书的字体都是仿唐代名家的楷书。

中国汉字发展成横平竖直的方块字，有着清晰的脉络，流传数千年，是世界上唯一使用至今的古老文字。

《说文解字》

隶变是汉字发展过程中一次非同凡响的变革，从篆书到隶书，差异巨大，结构变化明显，隶、楷发展出的特殊写法的偏旁结构已很难看出篆书的痕迹。但是，我们今天依然可以识读篆书，甚至更早的金文、甲骨文等古文字，有一部叫作《说文解字》的书功不可没。《说文解字》是中国历史上第一部分析字形、辨识声读和解说字义的字典，收字9353个，重字1163个，共10506字，由东汉许慎所著。当时的社会文化背景正是古文经与今文经之争的激烈时代。经过秦始皇"焚书坑儒"，很多先秦的儒家经典就此焚毁。到了汉朝，官方推崇儒学，开始鼓励大家集思广益，并从民间收集经典书籍。一些儒学家凭记忆口述，用当时逐渐隶化的文字记录并流传于世的经典被称为今文经。而那些用先秦文字写就的，藏于民间的，比如孔子居住房屋的墙壁中发现的经典被称为古文经。今、古文之争不仅是学术上的争论，也是政治流派之争。许慎是古文经派的代表人物，《说文解字》也是他阐述学术和政治观点的一部著作。《说文解字》以小篆作为研究主体，按540个部首进行排列，开创了部首检字的先河。以六书（象形、指事、会意、形声、转注、假借）进行字形分析，收录了汉字形体的多种写法，除当时的篆文外，还有籀文、古文等异体写法。

而且，许慎十分注重本义的研究，保留了很多古文字的原始含义，反映了上古汉语词汇的面貌。《说文解字》是隶书反推篆书、籀文等古文字的桥梁，对古文字字形和本义的解释，成为我们考证和认读甲骨文、金文等汉以前文字的依据。《说文解字》是语言文字学的宝库，在汉字发展史和研究史上有着承前启后、继往开来的重要意义，为汉字研究提供了宝贵的古文字资料。

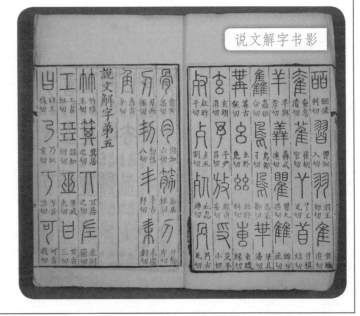

说文解字书影

妙笔演变

战国毛笔（复制品）

毛笔是中国古代主要的书写工具，一直延续至今的书法艺术、国画技艺等也是基于毛笔而产生的。古代文人从不掩饰对毛笔的喜爱，对他们来说，笔墨纸砚是谋生工具。笔产生的年代久远，新石器时代陶器上的一些图案花纹就有笔锋的痕迹，甲骨文在刻字之前有时候也会先用笔墨将卜辞写于甲骨之上。

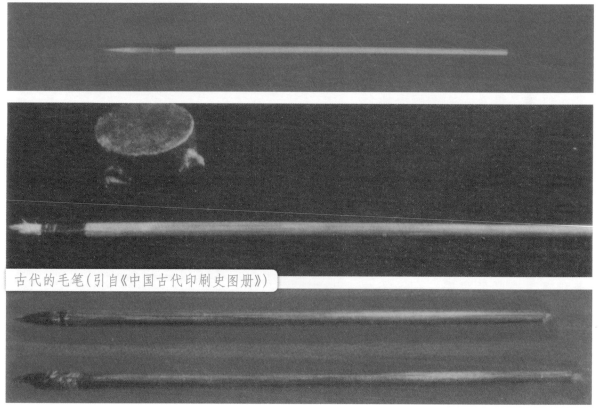

古代的毛笔（引自《中国古代印刷史图册》）

随着文明的发展、书写载体的改变、制墨技术的进步，毛笔也随之不断改良。秦汉时期，毛笔的形制基本确立，东汉时期还出现了张芝、韦诞这样自制笔的文人。张芝制的笔被赞为"伯英之笔，穷神必思"，在魏晋时期一直是名品，深受文人喜爱。随着纸张的全面普及，毛笔的制作也愈加精细，使用范围不断扩大。隋唐五代时期，科举制度确立，书法盛行，文教发达，文人对笔的需求增大，且对笔的选用更加讲究，因而制笔业快速发展。

唐朝诗人齐卫的《送胎发笔寄仁公诗》中，有"内为胎发外秋毫，绿衣新裁管束牢"的诗句。唐代白居易著有《鸡距笔赋》，形象地描写了鸡距笔笔管圆直、选料精良、笔锋犀利的特点，因其形如鸡的足距而命名。这些记载反应了当时文人对毛笔的喜爱。唐代还有一位鸡距笔的制作高手名叫黄晖，有诗称赞他制的笔"锋芒妙夺金鸡距，纤利精分玉兔毫"，用金玉来比喻毛笔，可见其品质之高。不过到了晚唐，鸡距笔的地位有所动摇，这是毛笔因实用和便捷而不断改善形制的结果。书法大家柳公权就曾提出鸡距笔有"出锋太短，伤于劲硬"的缺点，他的言论对后世影响较大。有心笔开始向无心笔转变，北宋散卓笔逐渐取代了鸡距笔的主导地位。散卓笔是一种无心笔，没有笔芯柱，而是直接用较短毛料支撑笔形，出锋长且柔软。毛笔四德之"齐、尖、圆、健"，开始作为毛笔鉴赏的标准，指的是毛笔的外形和品质，概括了好的毛笔需要达到的在选料、做工、形态方面的要求。

> **● 延伸阅读**
>
> ### "蒙恬造笔"
>
> 相传，秦始皇的得意将领蒙恬是制作毛笔的祖师爷。据说蒙恬是用枯木作为笔杆，鹿毛和羊毛两种毛作为笔头，笔由此被创造出来，称为秦笔。然而，我们从考古发现可以知道，"蒙恬造笔"显然只是个传说，也有可能蒙恬对笔进行过改良。在"蒙恬造笔"之前，我国已经有了毛笔，在多处战国墓都出土过毛笔，出土的秦汉以来的毛笔已有固定的制式，配有笔套，笔杆为竹制或木制，一头削尖，可当发簪插在发髻上，便于携带使用。毛笔的笔毛多以兔毫为主要原料。兔毫又以赵国毫为最佳，赵国位于今天的河北省境内，地势平坦，草料精细，因而兔子长得肥硕，毛长而利，更加适合制造兔毫笔。

千年墨香

　　墨是印刷必不可少的原材料之一，它产生的年代非常久远。早期的墨取自天然的动植物和矿物质。人们用墨在陶器上绘制图案，有些甲骨文也是先用墨将文字写于甲骨上的。随着文字的成熟和文明的发展，天然墨已经不能满足生产和生活所需。人造墨开始登上历史舞台。传说，周宣王时期有个叫邢夷的人，很擅长绘画。有一天，他在溪边洗手，看到溪水中飘来一块松炭，便随手捞起来，却发现手被松炭染黑了，于是把松炭带回家研究。他先是将松炭捣碎，用水和之，发现确实可以使用这汁水写字，只是不方便携带。后来，邢夷想到了将松炭粉和锅灰等与软糯的粥饭混合着搅拌，效果果然很好，可以用手捏成或圆或扁的黑色墨块，之后将其晒干，要用时只要再加一点水磨一下，就可以用来写字和作画了。邢夷把这种黑色条块称为"黑土"，

松烟制墨图

清晚期扬州制松烟墨

后来又将两字合并造出了"墨"字。

邢夷造的这种墨类似于中国古代最早的人造墨——松烟墨。先秦典籍《庄子》中有关于人造墨的记载——"舐笔和墨",意思是说将笔沾湿理顺,倒水研墨。这时期的墨没有制成锭,而只是作成小圆块,它不能用手直接拿着研,必须用研石压着来磨。这种小圆块的墨又叫墨丸。湖北省云梦县睡虎地秦墓中就出土了墨块,一块石砚和一块用来研磨的石头,石砚和石头上还残留有研磨的痕迹,并且遗留着残墨,印证了古籍的记载,也是我们发现的现存最早的人造墨。到了东汉,墨的形状从小圆块改进成墨锭,经压模、出模等工序制成,可以直接用手拿着研磨。从此,研石就渐渐绝迹了。

三国时期曹植在《长歌行》诗中曾说"墨出青松烟",说明这个时期松烟墨得到进一步发展。松烟墨浓墨无光,质细易墨。一直到宋朝盛行油烟墨之前,松烟墨一直在古代制墨史上占据着主导地位。《齐民要术》是现存最早的记载了制墨配方的书籍，这份配方来自三国时期魏国的制墨大家韦诞。韦诞在书法上颇有造诣，还喜欢自己动手制笔和墨，尤其对制墨工艺贡献巨大，有"仲将之墨，一点如漆"的美誉。据说，在洛阳三都宫观建成时，魏明帝命令韦诞题字，韦诞就认为"御笔墨皆不任用"，意思是说皇帝赐的笔和墨都不好用，他认为一定要用张芝做的笔、左伯造的纸和他自己自制的墨才能写出好字。根据《齐民要术》的记载，韦诞制的墨的配料中有珍珠、麝香等材料，既有防腐剂，又有香料，用料讲究，工艺成熟，在制墨工艺史上占有重要地位，是对后世影响极大的一份配方。韦诞之后，很长时间内书写和印刷所用的墨都是使用这套技艺制作的。

中国墨制作精良，制墨名家辈出，不仅是书画、印刷的必需品，还兼具艺术价值。古代有御墨、贡墨，专供皇家使用。一些大户人家或文人墨客还会自己制墨，名家墨会属上名款，作为收藏或礼品流传。宋代大文豪苏东坡就喜欢收藏墨，对同时代涌现的一批制墨名家赞赏有加，对于墨有自己的一套鉴赏方法。喜欢发明创造的他多次自己实验造墨，在贬谪海南期间有一次造墨，结果不小心烧着了房屋，这些墨也被他戏称为"海南松烟东坡法墨"。宋代以后，由于原材料难以为继，松烟墨在和油烟墨并存了一段时间后，逐渐被油烟墨取代。油烟墨以桐油等作为主要原料，属于可再生资源，传统制墨工艺也得以延续至今。

蔡伦造纸

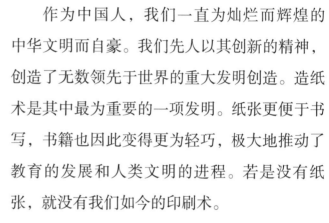

蔡伦像

作为中国人，我们一直为灿烂而辉煌的中华文明而自豪。我们先人以其创新的精神，创造了无数领先于世界的重大发明创造。造纸术是其中最为重要的一项发明。纸张更便于书写，书籍也因此变得更为轻巧，极大地推动了教育的发展和人类文明的进程。若是没有纸张，就没有我们如今的印刷术。

蔡伦是东汉初年的一个宦官，才学出众，很受皇室信任和重用。汉和帝在位时，蔡伦升迁为侍从天子的中常侍，后又升任尚方令一职。尚方是一个主管皇室制造业的机构，集中了天下的能工巧匠，代表了那个时代制造业的最高水准。我们常听到的"尚方宝剑"就是尚方制作的宝剑，后来成为最高权力的象征。蔡伦在掌管尚方期间表现出了在工程制造领域的惊人天赋，其个性和才能都得到了充分的展现。他主持制造的刀剑等武器全都精密牢固，达到了很高的工艺水平，之后很长时间内被后世沿用并成为品质的象征。蔡伦非常善于思考，当时用来书写信件、文书等使用的不是笨重的竹简，就是昂贵的缣帛，十分不便，于是他下定决心要发明更加轻便、实用的书写材料。经过多方调研和反复试验，他最终用树皮、麻布、旧渔网等廉价的材料经过多道工序制造出了"纸"。元兴元年（公元105年），蔡伦向汉和帝献纸，汉和帝大为

部分纸浆原材料

赞赏，从此朝廷内外都开始
推广使用这种先进的书写材料。9年后，
蔡伦被封为龙亭侯，于是人们便把蔡伦制造的这种纸
称为"蔡侯纸"。蔡伦造纸之前，中国已有一些纸。然而，那些纸
张质地粗糙，书写功能极为不佳。蔡伦制造的纸兼具取材廉价、来源广泛
和轻薄柔韧的特点，是真正意义上具有书写功能的纸张。他的创造是人类历史上极其

● 延伸阅读

纸道四德——俭、韧、谦、和

纸是文房四宝之一，种类繁多，自古以来都是十分重要的文化元素。"纸寿千年"，相比现代机械制纸，传统的手工造纸生产的纸张质地更加柔软，用料纯净环保，能比机制纸保存更长的时间，因此许多古书、古画保存至今依然完好无损。

中国人赋予了纸张以人的品牲，龙文认为纸道有四德——俭、韧、谦、和。"俭"是纸张发明的目的，也是纸的特牲。造纸所用的原材料是再生性浪强的草本植物、麻类和竹类植物，这些材料决定了纸张"俭"的特性。"韧"是纸的另一特性，看似柔弱的纸张，却有着坚韧的品性，承墨承印，流传千年，是坚韧不拔的优秀品格的体现。"谦"是说纸作为书写、绘画等文化艺术信息的载体，甘为配角，不凸显自己，谦逊有礼。"和"是指纸的中和之道，笔墨在纸上表现出流动、润和的状态，有着中和之道的气韵。纸道的四德是中国人十分推崇的优秀品德，可见纸在中华文化中的地位和丰富内涵。

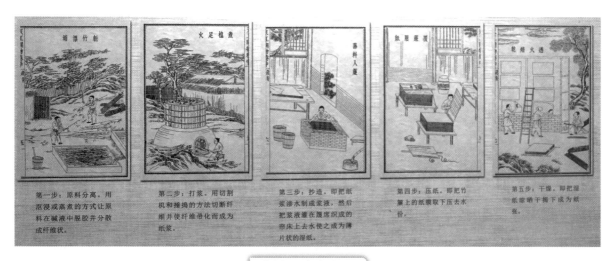

第一步：原料分离。用沤浸或蒸煮的方式让原料在碱液中脱胶并分散成纤维状。

第二步：打浆。用切割机和捶捣的方法切断纤维并使纤维帚化而成为纸浆。

第三步：抄造。即把纸浆渗水制成浆液，然后把浆液灌在篾席织成的帘床上去水使之成为薄片状的湿纸。

第四步：压纸。即把竹帘上的纸膜取下压去水份。

第五步：干燥。即把湿纸膜晒干揭下成为纸张。

造纸工艺流程图

重要的一项发明。后来，造纸术沿着丝绸之路经过中亚、西欧向整个世界传播，对世界文明的传承和发展作出了不可磨灭的贡献。

名牌纸与畅销书

　　整个汉代仍以简帛为主流，原因是当时的人们认为"纸轻简重"，认为文章书写在竹简丝帛上或者雕刻在金属、石料上才能流传久远，用纸张书写则表示对人不够恭敬。这种观点到了东汉后期终于改变，文人、学者以及上层官员，对纸的态度都有所改变，纸的地位提高了，纸的使用也就更为普遍了。当时的上层人士对名牌纸尤其青睐。在东汉有个叫左伯的人，是造纸能手。人们称赞左伯造的纸"研妙辉光"，意思是说，左伯纸纸面平滑，洁白纯净。当时的文人以拥有左伯纸、张芝笔和韦诞墨而倍感荣幸。东汉后期的大学者蔡邕就喜欢用左伯纸来书写文章。左伯纸一时风头无量，名牌纸的效应也让纸的使用更加普及。随着制纸工艺的改良和进步，纸作为新兴的书写材料，其用量越来越大。东晋末年的豪族恒玄废晋安帝后下令：古代没有纸所以用简牍，并不是因为简牍更显恭敬。现在，都用黄纸替代吧！至此，纸张得到了官方的认可。

与简帛相比，物美价廉的纸张更方便人们抄写、复制文章和书籍。西晋时期有一个叫左思的学者，费10年功夫写成《三都赋》。当时，文坛名人皇甫谧看后击掌叫绝，大加称赞，并为之写序文。因此，"豪贵之家，竞相传写，洛阳为之纸贵"。"洛阳纸贵"这个成语就是形容当时人们竞相抄写《三都赋》，纸张供不应求，因而纸价上涨。

到了南北朝时期，简帛基本上退出了历史舞台，纸张的普及孕育了印刷术诞生的基础。

西汉帛书《老子》乙本（复制件）

方寸之间的历史传承

——印章

　　在中国画和中国书法作品上，艺术家们通常都会在落款处印上一方小小的红印，印章的风格多样，给书画作品增添了独特的美感，同时又是作者身份的标志，一些收藏家也会在书画作品上加盖自己的印章以示鉴赏收藏过。这些印章制作非常讲究，集书法、篆刻、选材的艺术性于一体。我们常见的公章、合同章、发票章等还代表了权威证明和法律效力。你知道吗，印章的这些功能都是从古代延续至今的。殷墟出土的青铜印章便显示了印章的悠久历史，而印刷术的出现可能就是源自这些方寸之间的小小印章。

　　东晋时，有一位著名的炼丹师葛洪，他一生潜心向学，悬壶济世，相传最后得道成仙。葛洪遗世的著作《抱朴子·内篇》中记载了一件事，说是道家佩戴有一种驱邪的"黄神越章之印"，"其广四寸，其字

印章

一百二"。这种面积较大、文字容量较多的印章，与雕版印刷术的雕版已经十分相似了。这一块印章只要上了墨进行印刷，就是一篇小小的文章。

印章的发展对我国印刷术的出现产生了重要的影响，尤其是印章上的文字都是反字，这一特点直接为后世的雕版印刷术所吸收。

《抱朴子·内篇》中有关印章的记载

延伸阅读

古老的保密术——封泥

流行于秦汉时期的封泥又叫作泥封，是一种印章的印迹，作用是防止其他人私拆信件。相传，在秦始皇的咸阳宫里，有一处名叫章台的中台。秦始皇不仅白天在此批改奏章、裁决重大案件，晚上还在此读书学习，从中央到地方的各类奏章都汇集到了这里。一本奏章就是一捆竹简，为了保密，上奏官员要将竹简捆好并糊上泥团，再在泥团上压上自己的印章，然后放在火上烧烤，使其干硬。奏章被送到章台时，值守吏要呈送给秦始皇亲自验查，若封泥完好无损，则说明奏章未被他人私拆偷阅，然后秦始皇才敲掉封泥进行御览。封泥对简牍、公文和函件起到了很好的封存、保密作用。现存最晚的封泥出自晋朝，因为晋朝时纸已普遍流行，封泥也完成了其使命，从历史的舞台上功成身退了。

长沙马王堆出土封泥

早期的复制技术
——拓印

　　纸张出现之后，从汉朝到南北朝时期，中国的教育逐步得到发展，越来越多的人想要读书，学者们会想尽办法去借阅、抄录或者购买自己心仪已久的图书。然而，有的书存世量很少，购买不到，学者们只能费尽心力去抄写。然而，抄书时间漫长，并非一朝一夕就可以完成，学者们开始思考怎么可以快速复制一本书上的内容。雕版印刷术是一种方法，然而要到隋唐时期才出现。当时，不少重要的资料会记录在石刻上，如何复印石刻文书这一宝贵的学术资源，成为当时学者们所思考的一大难题。

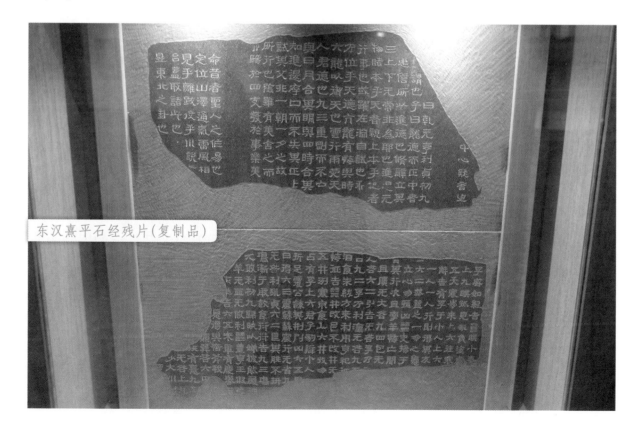

东汉熹平石经残片（复制品）

石刻是古代人常用的一种记录文字、图案以传递信息的方式。先秦时期还没有固定形制的石刻，人们在天然或略加修整的石块、崖壁上雕刻文字，石鼓文就是其中的典型代表。石鼓文因将文字雕刻在形状像鼓一样的石头上而得名，发现于唐初，共10枚，记录了歌颂君王在田野间狩猎、捕鱼的故事，字体为大篆，是非常珍贵的篆书书法资料。汉代以后，形成了有固定形制的石刻样式，称为碑，是现代最常见的一种石刻形式，有墓碑、

汉代《二十四字汉砖》拓片

记事碑、功德碑、典籍刻碑等。比如，东汉末年立于河南洛阳太学的儒家经典石刻碑文——熹平石经。东汉时期，汉灵帝为了维护其统治地位，下令校正儒家经典著作，派蔡邕等人把儒家七经抄刻成石书，一共刻了8年，刻成46块石碑，每块石碑高3米多，宽1米多。太学就是当时的国立大学，所以人们又称这部书为《太学石经》。熹平石经是中国历史上最早的官定儒家经本，引发了许多人的抄写，作为官方儒学的标准，全天下的读书人都想一睹其芳容。

为了更快地复印石刻上的内容，人们发明了拓印技术。拓印的工艺方法是，将纸张用白芨水浸湿，铺于石碑表面，用刷子在纸面上轻轻敲打，使纸的纤维凹入文字笔画之内，待纸略干后，用拓包均匀地在纸上施墨，施墨时必须由轻而重，逐渐施到一定浓度，纸面上就呈现出清晰的黑底白字。揭下后，一件拓印品就完成了。

拓印技术最早应用于碑刻的拓印，后来发展到可以对所有呈凹凸反差的器物的文字和图形进行拓印。今天我们看到的甲骨文、青铜器铭文等，很多都是通过拓印而取得的。一直到现在，这种工艺还在被使用。

古代不少石刻文字和青铜铭文，其原器物早已失传，而拓印件却保存下来。拓印使很多书法作品得以广泛传播，对书法普及具有不可估量的作用。在古代，人们为了推广书法艺术，也曾采用刻字拓印的方法复制著名书法作品。

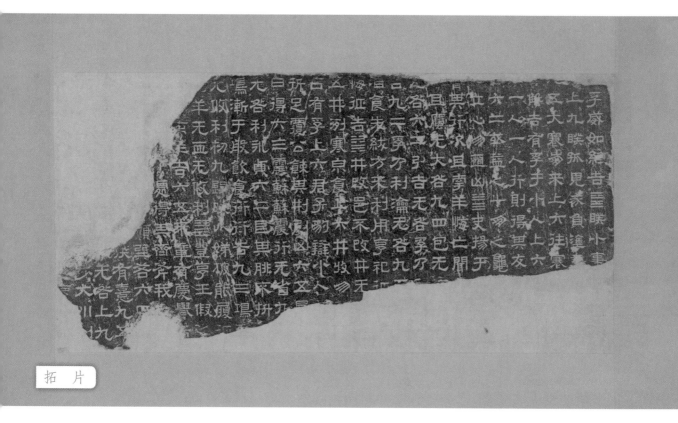

拓　片

　　拓印与雕版印刷术已有很多相似之处，它们都需要具备原版、纸、墨这些条件，目的都是批量复制文字和图像。不同的是，碑刻文字是凹下的阴文，而雕版的印版是凸起的阳文，碑刻拓印品为黑地白字，雕版印刷品为白地黑字。这种复制图文的方法，无疑为雕版印刷术的发明提供了宝贵的经验。

隋唐读书热和佛教热

在隋文帝时，政府废止过去的九品中正制，改为科举取士。科举制度的推行，为普通百姓通过考试进入仕途开启了通道，使大批平民子弟加入读书的行列。社会上便出现了一批以抄书为职业的人，抄写的图书多为社会需求量大的经史、诗集及启蒙读物。官方藏书也大量增加，政府设有专门机构，经常雇佣一批擅长写字的人抄写书卷。隋文帝时候，京都洛阳皇家图书馆的藏书已达89000多册。教育兴盛，文化繁荣，读书人的数量大增，手抄书卷已经无法满足人们对书籍的大量需求，开拓更快更多复制书籍的愿望日益迫切，这股读书热对印刷术的发明起到了推动作用。

此外，隋唐时期佛教大兴，上至君主，下到平民百姓，人人都爱念佛，对经书的需求量较大。佛教教义宣称，大量抄写佛经是求得佛祖保佑的重要途径之一。不少僧

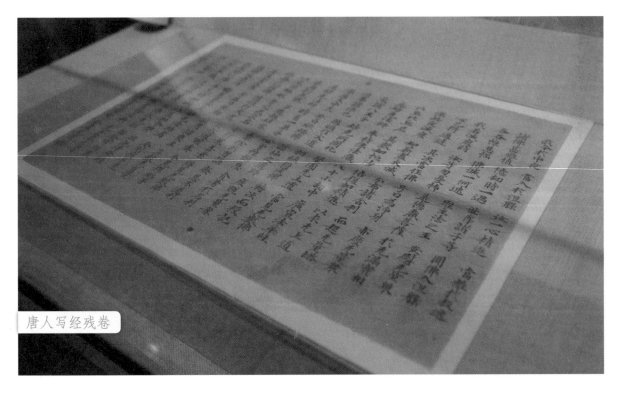

唐人写经残卷

侣、信徒大量抄写经文，并临摹佛像，甚至雇佣专门抄写佛经的经生来抄录经文。佛教的传播热潮，促使了社会对佛经复制的大量需求，推进了印刷术的发明和发展。

隋末唐初，印刷术在这样的社会背景下应运而生。印刷术是人类历史上最伟大的发明之一，是人类共同的财富，被世界人民称为"来自东方的智慧之光"。印刷术发明后很快得到推广和应用，并向全世界传播，使书籍的生产方式发生了大变革，加快了社会文明的进程，被誉为"文明之母"。

唐代写经纸

第二章

雕版篇

壹

从中国大地上有文化的传播活动到隋唐以前，这漫长的几千年里，图书的复制都是在缓慢、原始地进行。雕版印刷术出现之后，图书的复制便进入了批量化的时代，一套雕版可复制成百上千本书，这是中国印刷技术史上的第一座里程碑。雕版印刷术发展至宋代达到了巅峰，雕版印刷的书籍版式、字体、用纸、用墨和装帧形式等都有了较大的发展，并形成了中国独特的书籍审美文化。元、明、清时期对宋代雕版文化进行继承和发扬，人类文化思想的传播也由此进入了一个全新的时代。

雕版及印刷工具

敦煌莫高窟藏经洞的发现

　　1900年7月12日，住在莫高窟的当家道士王圆篆无意间在16号洞窟中发现了从西晋到北宋的5万多件经卷、文书和绘画，大约是北宋中期有人为避乱而将其封藏于洞中的，这个洞被称为藏经洞。

　　当年，敦煌莫高窟一片残破，无人看管，洞窟大多倒塌，一片破败景象。经济萧条，地域荒凉，人们生活困难。由于香客稀少，只有几个僧人活动，而这些僧人并无看管洞窟的意识。看到神圣宝窟无人管护，并且受到严重的自然和人为破坏，王道士自觉自愿地担当起了"守护者"的重任。他四处奔波，苦口劝募，省吃俭用，集攒钱财，用于清理洞窟中的积沙，仅第16窟的淤沙清理就花费了近两年的时间。

　　王道士在清理出第16窟后，雇敦煌贫士杨果为文案。杨果在第16窟甬道内发觉有空洞回音，怀疑有秘室，就将此事告诉了王圆篆。于是到夜深人静时，二人悄悄来到壁画前，把墙壁扒开。随着尘土逐渐散去，两人惊讶地看到，从地面一直堆到房顶满满的经卷文书和各种佛像文物。

敦煌莫高窟（钟黎摄影）

敦煌莫高窟（钟黎摄影）

敦煌发现藏经洞的事情，不仅在国内传开，而且传到了外国人耳中。从此，西方探险家开始了疯狂的破坏性掠夺。首先是英国人斯坦因。1907年，英国人斯坦因来到莫高窟，从王道士手中骗走29箱珍贵文物。其中，唐咸通九年（公元868年）雕版印经《金刚般若波罗蜜经》是中国现存最早的标有明确刊刻日期的印刷品，被斯坦因盗至英国，现收藏于英国国家图书馆。

随后，敦煌的名声越来越大，被英、法、俄、日等国劫购的大量早期佛经版画件件堪称国宝，至今流藏域外，其中隐藏着佛经版画的历史全貌，我们期待着这部分敦煌经卷能够早日公之于世，为佛经版画的研究提供更完整的素材。

● **延伸阅读**

敦煌遗书，又称敦煌文献、敦煌文书、敦煌写本，是对1900年发现于敦煌莫高窟17号洞窟中的一批书籍的总称，是公元2世纪至14世纪的古写本及印本，总数约5万卷，其中佛经约占90%，目前分散在全世界，如大英博物馆、法国国家图书馆、俄罗斯科学院圣波得堡东方研究所等，1910年入藏京师图书馆时只余8000余件。目前，中国国家图书馆藏有敦煌遗书16000余件，为该馆四大"镇馆之宝"之一（另三件分别为永乐大典、四库全书和赵城金藏）。

敦煌遗书主要有卷轴装、经折装和册子装，还有梵夹装、蝴蝶装、卷轴装和单张零星页等形式。从字迹看，可分为手抄和印本两种，其中以抄本居多。大量的经卷由专职抄经手手写而成，字迹端庄工美。早期的捺笔浪重，颇带隶意，唐以后的抄本以楷书为主。雕版印刷品虽数量不多，但均是中国也是世界现存最早的印刷品实物，其中以唐咸通九年雕印的《金刚经》最古。此外，归义军曹氏时代雕印的佛经，来自长安、成都的私家印本历日，敷彩印本佛像等，均系印制而成。

从书写用笔看，早期均由毛笔书写，公元8世纪末后，因敦煌一度同中原王朝中断联系，当地人开始用木笔书写。至于大量的官私档案等，则因用途不同而形制各异。公元9世纪以后，出现经折装、册子本和木刻印本，在我国乃至世界书籍发展史、版本史、印刷史、装帧史上都是十分难得的珍贵实物，具有很高的学术价值。除大量的写本之外，还有拓印本、木刻本、刺绣本、透墨本、插图本等多种版本。

佛经版画
——中国雕版艺术的一朵奇葩

在中国版画艺术发展史上，佛教的影响十分重要，雕版印刷术早期大量用于佛经佛画的刻印，国内现存雕版印刷早期的产品，有不少佛教经像。由于佛经版画对弘法传教具有重要作用，宋元迄明清，凡刻印佛经，几乎没有不附佛画插图的。佛经版画雕刻精细，构图严谨，庄严素美，大多出于版画名家之手，是中国雕版艺术与佛教文

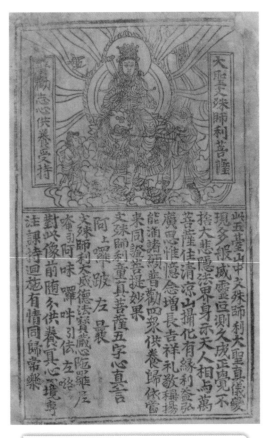

五代时期刻印上图下文的文殊师利菩萨像

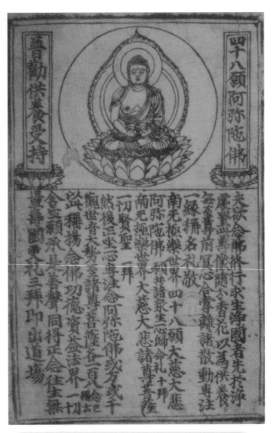

五代时期刻印上图下文的四十八愿阿弥陀佛

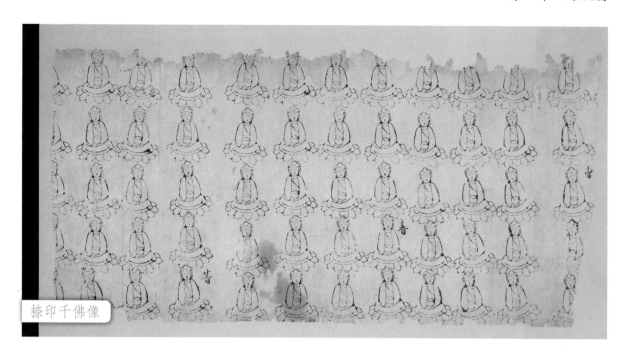

捺印千佛像

化共同浇灌出的一朵奇葩，具有独特的审美和文化意蕴，并直接影响了明清时期蔚为大观的木刻插图，成为中国欣赏性版画的鼻祖。

捺印佛像大约盛行于南北朝、隋唐时期，是利用了中国原有的印章及肖形印技术，即将佛像刻在印模上，依次在纸上轮番捺印。20世纪初，甘肃、新疆等地发现了很多晚唐时期的捺印佛像，大多是图像重复的千佛像。郑如斯、肖东发先生在《中国书史》中说："这种模印的小佛像，标志着由印章至雕版的过渡形态，也可以认为是版画的起源。"很难说雕版印刷术与佛教孰为因孰为果，雕版印刷术一经发明，就被佛教寺院与信徒作为弘扬佛法的工具。雕版印刷方法实际上是由玺印的捺印法和石刻的拓印法发展而来。

据文献记载，早在初唐时期，玄奘法师西行取经归来，曾以回锋纸大量刊印普贤菩萨像，分送信徒。所印普贤菩萨像今虽不存，但四川、甘肃、新疆、浙江等地有许多晚唐、五代时期的上图下文形式的单叶印经印像传世。

《金刚经》版画

最早有明确记载的雕版印书
——《女则》

唐太宗的皇后长孙氏是历史上有名的一位贤德皇后，她曾编写一本书，名曰《女则》。此书是长孙皇后采集古代妇女主要是历代后妃的事迹，并加上自己的评注，用于时刻提醒自己如何做好皇后的一部评论集。宋以后，此书失传。

长孙皇后将历代著名女子的言行摘录汇集，并点评其得失，用现代的话来说，《女则》是一部第一夫人所著的、后宫版的《资治通鉴》。

长孙皇后去世后，宫女把这本书送到唐太宗面前。唐太宗看后恸哭，对近臣说："皇后此书，足可垂于后代。"并下令把它印刷分发。

长孙皇后去世于贞观十年（公元636年），《女则》的印刷发行年代可能就是这一年，也可能稍后一些，这是我国文献资料中明确提到的最早的雕版刻印本。而雕版印刷术发明的年代一定是比《女则》出版的年代更早。

《弘简录》中有关梓行《女则》的记载

唐宋时期的护身符
——《大随求陀罗尼经》

　　如果生活在唐代，我们会发现，为求平安，普通百姓们并不是随身佩戴玉器，而是佩戴一卷经文，这卷经文就是《大随求陀罗尼经》。《大随求陀罗尼经》是佛教密宗经典，因其主要是用来求愿，因此自唐代起一直颇为盛行。"大随求"就是"一切所求都如愿"的意思，诵读此经并将其随身携带，便可以满足一切愿望，包括财富、健康、长寿，还可消除一切罪孽，死后前往极乐世界或者成佛，因而此经对世俗人士亦有很大的吸引性。目前，唐宋墓穴中发现了不少《大随求陀罗尼经》，其中不少经文是在平民墓中出土的，说明了此经当时在平民群体中的盛行。

　　敦煌千佛洞曾出土过一张保存十分完好的《大随求陀罗尼经》，是公元980年由施主李知顺供奉，刻工王文昭雕刻的。图画的中央，一尊八臂大随求菩萨盘腿坐于莲花之上，手持各种法器，菩萨外围有19圈梵文咒经，如太阳光般放射出去，梵文咒经外有一圈由经幡等构成的装饰带。整副经文由两位神托着置于莲花池中，两位神之间写着21行汉文陀罗尼发愿文，大致意思是佩戴此经能为菩萨庇佑，成善事，得清净，不为鬼怪所害，不为病痛所扰，长久圆满吉祥。最后标记了雕刻时间为公元980年。在整幅画的外缘，由金刚杵、八大天王、莲花作为装饰。莲花上面印有不同的梵文，或是用于增强此经的法力。这是迄今发现图像和文字最为丰富的《大随求陀罗尼经》。

　　自古以来，人们为祈求平安、远离纷扰，做过不少的"探索"。从问鬼神，到祈求祖先，再到各种玉器、法器的加持在身。到了唐代，《大随求陀罗尼经》出世，一方面很轻，另一方面通过印刷就可得到，并不费力，此种既轻便又具保护作用的经画，可谓当时人们最佳的居家旅行必备之物。护身符的发展满足了大众的心理需求，

《大随求陀罗尼经》

然而要得平安，更多的是依靠自身的道德素养。素养所能形成的"法力"，将远远大于这一张张携带于身的经咒。

迄今发现最早的雕版印刷《历书》

历书，古时称为通书或时宪书，是按照一定的历法排列年、月和日，并注明节气的实用性工具书。历书一般由政府颁发，公布来年的年号、节日和节气，反映时间更替和气象变化的客观规律，指导农业生产，也作为政府公文签署日期的依据。

在封建时代，历书由皇帝颁布，所以人们又称它为"皇历"。据史书记载，唐太和九年（公元835年）就有木版刻印的历书出现了，可惜无实物留传下来。唐僖宗乾符四年（公元877年）刻印的《历书》是迄今发现最早的雕版印刷历书，现藏于英国国家图书馆。该历书是敦煌历书中内容最为丰富的一本，上面标注吉凶，用于指导生产和生活，其中的《六十甲子宫宿法》依次表列了从唐兴元元年（公元784年）上元甲子开始到乾符四年共94年间每年的男女命宫，《五姓安置门户井灶图》告知如何相宅，《洗头日》告知何日洗头为吉，《五姓种莳日》告知种禾、豆等作物的吉日等。该历书内容十分丰富，对了解唐代的生活有着十分重要的意义。

唐宋时期，每年年末，皇帝把新历书赐给文武百官，受赐者要上表谢恩。"皇历"属于"官方"历书，历代皇帝都很重视历法的颁制，从唐朝起，各代王朝对历法

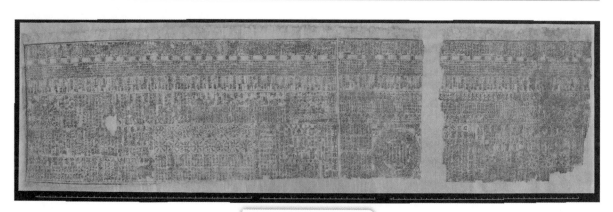

唐朝乾符四年历日

实行严格的管理，历书未经"御批"不准翻印。从这一点也可以看出，古代历法一直以来都被天子所垄断，是皇家的专享。

第一位著名私家刻印书籍者

——毋昭裔

五代时期，由私人出资进行印刷活动者以蜀相毋昭裔最为著名，他也可称为历史上第一个著名私家刻印书籍者。

毋昭裔年轻时家境贫困，酷爱读书，经常向别人借书，但有时会遭到拒绝。于是，他发誓日后若有钱时，一定多印书，让世间读书人都有书可读。后来，他当上了蜀国宰相，实现了自己的誓言，开办了私家刻书坊。当时，蜀中经唐末大乱之后，学校皆已荒废，毋昭裔自己出资营造学宫、修建校舍，使一度困顿的教育再度兴盛。

据《宋史》记载，毋昭裔印的书有《文选》《初学记》和《白氏六帖》等，均由他自己出资刻印。

毋昭裔像

儒家经典印刷的开创者
——冯道

冯道像

冯道，五代十国时期的传奇人物，一生经历五朝十二帝。

冯道出身于一个耕读之家，品行淳厚，勤奋好学，善写文章，且能安于清贫。他平时除奉养双亲外，只以读书为乐事，即使大雪拥户、尘垢满席，也能安然如故。

当时处于战乱年代，能读书的人并不多，冯道暗暗立誓，待他日后有能力之时，一定要大量印制书籍，提供给买不起书的人，因为只有国民的文化水平提高了，国家才能强盛起来。

冯道当了宰相之后，便主持国子监对《九经》进行刻版印刷，这是中国历史上首度大规模以官方财力印刷套书，世称"五代蓝本"。因此，冯道成为了中国历史上官刻儒家经典的创始人。

雕版刻工雷延美

　　雕版印刷，从工艺技术上来说，主要包括写稿、刻版和印刷三大工序。这三大工序的核心技术是刻版，而刻版需要刻工。可见，刻工对印刷术的发明和发展具有举足轻重的作用。然而，由于中国古代重文轻工，致使从事印刷刻版工作的刻工及其业绩难入经传而失于记载。

　　刻工又称"镌手""雕字""刊字""雕印人""匠人"等，是古代雕刻书版

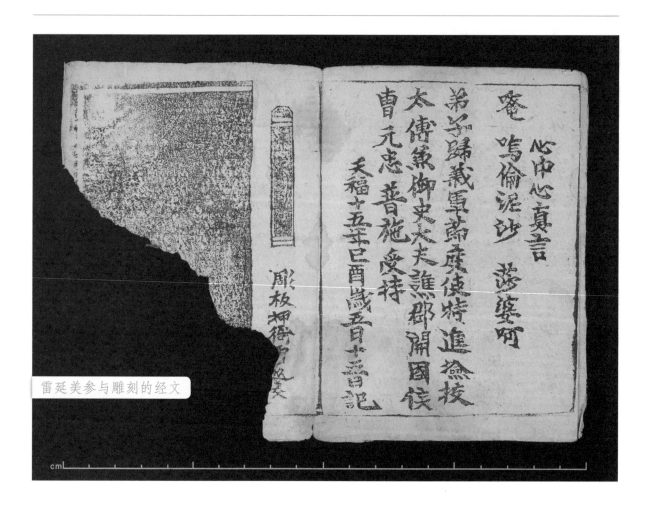

雷延美参与雕刻的经文

的工匠手。不少古籍在每版的中缝下方（即下书口）都记有刻工的名字。这些名字，对于一般图书来说，当初可能是为了计酬所留，同时便于主事者追究责任；对于特殊的图书如佛经、佛像等来说，可能是为了积功德，故大都留下刊刻匠人的名字。

雷延美是我国目前可考的最早的雕版刻工，是五代时期木刻版画手工艺人，曾雕刻"大慈大悲救苦观世音菩萨像"，此像上图下文，末署"匠人雷延美"，后来存于敦煌，只可惜已被法国人伯希和窃走。

雷延美刻《大慈大悲观世音菩萨像》

藏在雷峰塔砖缝中的经文
——《宝箧印经》

很多人最初知道雷峰塔，或许是通过《新白娘子传奇》这一部电视剧。其实，地处西湖的雷峰塔从未镇压过任何妖魔鬼怪。它是公元975年由吴越国王钱俶为祈求国泰民安而建，里面藏了不少珍贵的文物。2001年，考古工作人员从中发现了8件国家一级

《宝箧印经》

文物，其中有盛放佛祖佛螺髻发舍利的阿育王塔一座。1924年雷峰塔倒塌之后，人们从部分塔砖中发现了五代时期吴越国秘藏千年的经卷《一切如来心秘密全身舍利宝箧印陀罗尼经》（简称《宝箧印经》）。

《宝箧印经》经名虽长，但是在1000多年前的江南地区几乎是家喻户晓。当时，吴越国王钱俶聘请能工巧匠造84000卷《宝箧印经》，置于雷峰塔，以祈求国运昌通。然而，最终还是在公元978年被北宋所吞并。

《宝箧印经》不仅在我国较为盛行，我们的邻国人民也十分喜欢这卷经书。日本东京上野博物馆藏有朝鲜于1007年刻印的《一切如来心秘密全身舍利宝箧印陀罗尼经》，该经书也是迄今发现的最早由朝鲜人民自己雕刻的雕版印刷品。这部《宝箧印经》与钱俶在杭州刻印的同名佛经在版式结构上几乎无甚差别，应该是以吴越国经文作为底本，说明了中国印刷术对朝鲜印刷术产生的影响。

最早的纸币
——交子

关于交子的故事，还要从唐朝讲起。唐朝时的商业城市以扬州和益州（今成都）为两个中心，安史之乱以后，北方的经济地位下降，扬州和益州成为当时全国最繁华的工商业城市，经济地位超过了长安（今西安）和洛阳，所以当时谚语称"扬一益二"。

据相关史料记载，从唐末开始，今成都双流地区成为造纸中心。到了宋代，民间造纸业进一步发展，造纸作坊遍布全国各地，尤以双流地区生产的楮纸名闻天下，为交子诞生奠定了物质基础。此外，商品经济的繁荣、雕版印刷术的发展以及古蜀人的

交子（复制品）

交子印版（复制品）

智慧推动了交子的产生。

据史料记载，北宋初年，宋太祖赵匡胤为战争筹款，将四川铸造的大批铜钱调运出川，使得川蜀地区铜钱奇缺。因此，民间交易多用铁钱，而铁钱的携带便成了一个大问题。铁钱的价值与铜钱的价值基本上是1：10的比率。同样一桩买卖，使用铁钱交易，其个数要比铜钱多数倍，清点、保存、运输上的负担难以承受。买一匹布需要铁钱约2万文，重达500斤，不得不用车来装载。

外地商人来川做生意，四川商人出川交易，都必须携带沉甸甸的大量钱币，千辛万苦地奔走在崎岖险峻的蜀道上，长久下去似乎不是办法。于是，聪明的四川人有了办法。大约在公元11世纪，成都地区第一次出现了交子铺，一种用楮纸刻印的票据——交子也由此产生。交子用雕版印刷，版画图案精美，三色套印，上有密码、图案、图章等印记。

自此之后，交子作为我国最早出现的纸币便开始流行。

最早的广告
——济南刘家功夫针铺广告

印刷术是我国古代四大发明之一，有关印刷术的知识时常会出现在考试试卷之中，如有关毕昇泥活字的记载有时就会出现在语文试卷中。一个印刷知识试题更是出现在了高考试卷之中。这是一道什么样的试题呢？

2004年的全国高考文科综合试卷第19题，考了一道选择题：宋代济南刘家功夫针铺印记，其上部文字为"济南刘家功夫针铺"；中部文字为"认门前白兔儿为记"；下部文字为"收买上等钢条，造功夫细针，不误宅院使用，转卖兴贩，别有加饶，请记白"。问题是让考生在选项中选出该"印记"传递的准确历史信息。

考题中提到的宋代济南刘家针铺广告，是我国历史上乃至世界上最早的商品广告，反映了宋代商品经济的兴盛。我国印刷工匠们除了采用雕版印刷术印刷书籍、佛经之外，还将此技术运用在了广告制作方面。北宋济南刘家功夫针铺广告虽短，但它在历史学界、经济学界尤其是广告学界却是大名鼎鼎。在这一则广告中，居中采用白兔作为商标，一改以往门铺广告只有文字而不见商标的情况，通过图画形象使得顾客能够更容易记住自己的店铺。在这则广告下方，放着极为简易的广告词，表达了商店所销售的针质量极好，量大从优，欢迎大家前来购买。

刘家功夫针铺铜版

济南刘家功夫针铺铜版（复制品）

宋刻本《唐女郎鱼玄机诗集》

中国古代才女辈出，身世坎坷又惹人怜的鱼玄机正是其一。史书上有不少关于她的记载。相传，这位奇女子姿色出众，善思维，喜读书，擅吟咏。与鱼玄机同时代的皇甫枚在《三水小牍》中称鱼玄机"色既倾国，思乃入神，喜读书属文，尤致意于一吟一咏……风月赏玩之佳句，往往播于士林。"

目前所知传世鱼玄机诗共50首，而南宋陈宅书籍铺刻本《唐女郎鱼玄机诗集》收入49首。这是最早的鱼玄机诗文集，也是最全的鱼玄机诗单行本。鱼玄机给后世留下了不少经典诗句，其中"易求无价宝，难得有情郎"最为知名，从中也反映了鱼玄机

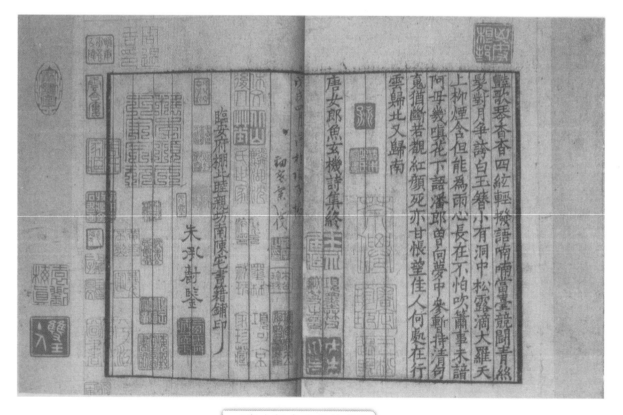

《唐女郎鱼玄机诗集》

凄苦的爱情人生。明代文学家钟惺在《名媛诗归》中赞美鱼玄机的诗作："绝句如此奥思，非真正有才情人，未能刻画得出。即刻画得出，而音响不能爽亮……此其道在浅深隐显之间，尤须带有秀气耳。"

鱼玄机满腹才气，声名在外。因此，有关鱼玄机的话题一直很多。南宋陈宅书籍铺刊刻鱼玄机的诗集，也是为了更多地招揽生意。南宋陈宅书籍铺刻本《唐女郎鱼玄机诗集》，刀法精到，墨色晶莹，字体似为欧体，刻印极佳，反映了宋代杭州地区的版刻风貌，是难得一见的版刻精品。陈宅，指的是陈起的宅院，其棚北睦亲坊书籍铺是当时杭州非常有名的书肆。陈起，字宗之，自称陈道人。本人也工诗善吟，名扬于当世。此书卷尾镌"临安府棚北睦亲坊南陈宅书籍铺印"条记一行，为书刻于陈宅书籍铺的直接证据。

最早的木版年画
——金代平阳姬家雕印《四美图》

金代时，刻书事业亦十分发达，官私藏书兴盛。金代域内分十九路，其中刻书地点可考者有九路。金代官方还设立印造钞引库及交钞库印制钞票，首创了用丝织物印刷钞币。

《随朝窈窕呈倾国之芳容》又称《四美图》，是金代以来平阳（今临汾）地区流行的，以古代人物为题材，新春期间在房舍厅堂张贴，民间年画性质的木版雕刻画，是我国迄今所见最早的木版年画。1908年，科兹洛夫将《四美图》盗走。

为何把此版画称为《四美图》呢？这是因为画中人物系四位美女和以画幅标题顾名思义而得。窈窕，旧时用来形容女子美好的姿态，也指宫室而言。唐代乔知之《秋闺》中有"窈窕九重闺，寂寞十年啼"之句，即指美女居于宫室。倾国，指全国人都

《四美图》发现于西夏黑水城遗址的一座古塔中，同时被发现的还有一张《义勇武安王位图》（俗称关公图）和一本金代平阳刻印《刘知远诸宫调》唱本。为何平阳版画会流落到千里之外的黑水城呢？我们不妨来看看西夏的历史。

西夏是宋时党项羌族建立的政权，国号大夏，史称西夏，占据今宁夏、陕西、甘肃西北、青海东北及内蒙古部分地区，最盛时割二十二州。西夏同辽、金先后成为与宋鼎峙的政权，与宋金经济文化联系极为密切，茶、麻、盐、铁交易频繁，部分政治制度仿宋，汉文典籍也广为流传。由此看来，《四美图》等很有可能是随着汉文典籍流传到西夏的。

佩服、爱慕。《汉书·外戚传》李延年歌："北方有佳人，绝世而独立，一顾倾人城，再顾倾人国。宁不知倾城与倾国，佳人难再得。"后人便用"倾城倾国"来形容绝色的女子。美女，也称美人，美人是汉代妃嫔的称号，自唐至明妃嫔中皆有美人名号。所谓"呈芳容"，就是说把容貌绝美、才华出众的女子的形象显露出来。这样说来，《四美图》中的人物当是各朝代宫室中的美女（或妃嫔），从四位人物的身份来看也正是如此。所以，把这幅画称为"四美图"，就是这个缘故。

《四美图》是我国版画史上划时代的作品。唐代以来，由于受宗教艺术的影响，宗教题材的壁画如佛祖、观音、老君、火神的形象以及妖魔鬼怪、牛头马面等，充斥着寺庙和道观，反映了人民的思想和艺术审美，这种意识也影响了木刻版画。到了宋代，壁画逐渐转向由民间艺人操作，内容发生了显著的变化。版画艺人的思想率先冲破了唯心主义的束缚，进入了历史唯物主义的境界，不再局限于宗教题材，转向反映社会生活、寓教于乐的民间年画新领域。《四美图》可谓其中的代表作。

《四美图》古朴典雅，装饰性强，繁而不杂，别具风韵。其体裁、布局、格式与主题融洽和谐，富有当时、当地独特的艺术风格和生活气息。表现程式带有唐代风味，线条舒展自如，流畅劲健，笔势圆转，服饰飘举。褶纹稠叠不乱，衣带紧窄潇洒，颇有"吴带当风""曹衣出水"之妙。人物丰肌厚体，优柔健美，分明是受了唐代妇女形象的影响。

随朝窈窕呈倾国之芳容

金刻版画

《四美图》

最大的单页雕版印刷品
——《大清国摄政王令旨》

在中国印刷博物馆一层展厅，静静地躺着一件珍贵的藏品——《大清国摄政王令旨》，又称《安民告示》。该文物版心高50厘米，长167厘米，全文685字，是由一整块木雕版一次印刷而成，为已考证的历史上最大的单页雕版印刷品。《中国成语大辞典》中，"安民告示"一词的解释为"安定民心的告示"。早在公元前513年，晋国为了有效管理国家，将刑法的具体条款铸于鼎上，公之于众。公元前356年，商鞅在秦国变法时，为了取信于民，在咸阳城门前立柱一根，同时张贴通告，扛走柱者可得奖赏若干，之后果然兑现，从而树立了政府法令的权威。在我国古代，有关军队或政权占

《大清国摄政王令旨》

领一城一地后，其首要大事往往就是及时张贴安民告示。告示的内容不外乎是向老百姓公开宣传其政策和法令，吁劝民众拥护或接受新政权，以达到缓和社会矛盾、安定民心、建立社会新秩序的目的。

1644年，多尔衮率军进入北京，实现了多年以来入主中原的宏愿。清代定鼎初年，汉人如范文程、金之俊、洪承畴都入了内阁，因为清政府采用的是以汉人治汉人的方策。受大学士范文程的影响，多尔衮提出了"自今以往，嘉与维新"的建国方略，这就是此安民告示的由来。在此安民告示的末行标注有"顺治元年七月初八日"，即是此令的颁布日，但并非民间真正的发布日期，直到七月十七日才在京内外统一张榜贴示。

龙藏雕版

雕版印刷术运用以来，极大地推动了经文书籍的出版效率。为弘扬佛法，历代王朝都会组织大批高僧、工匠刻印佛教典籍丛书《大藏经》，通过弘扬佛法，导人向善。自北宋政府开始雕版第一部大藏经《开宝藏》起，历代政府都会组织刊刻新的大藏经版本。

《龙藏》是我国封建王朝最后一次组织的官刻汉文大藏经，也是目前最为完整的一部汉文大藏经。它得名《龙藏》，因为是奉雍正皇帝御旨而雕刻，每卷首页均有雕龙万岁牌。《龙藏》始刻于清雍正十一年（1733年），完成于乾隆三年（1738年），故又称《乾隆版大藏经》。

《龙藏》共收佛教经典1675部，集佛教传入中国1700多年译著之大成，其卷帙浩繁，堪称佛教"百科全书"。为完成此部佛教典籍丛书，工匠耗费了上等梨木板79036块，每块都是双面刻字。如今，《龙藏》经版历经近280多年风雨能保存至今，与优良

龙藏雕版

的梨木板材是分不开的。传言，当时梨木板材的置办都是选秋冬的梨木，因为梨木秋冬时收脂，锯版的梨木板才能平整不翘。

在中国印刷博物馆一楼展厅里展有两块《龙藏》雕版，我们可以从古朴雕版上感受到古代工匠们一丝不苟的敬业精神。虽然雕版因各种原因有所残损，但质地仍很坚硬。上面的文字很见书法雕刻功底，可见无论是写经还是刻经人，都是怀着一颗虔诚敬畏之心去完成那些佛经。此部大藏经共有5600多万字，以小见大，79036块雕版上的文字字字工整、整齐如一，可见当时的"工匠精神"。

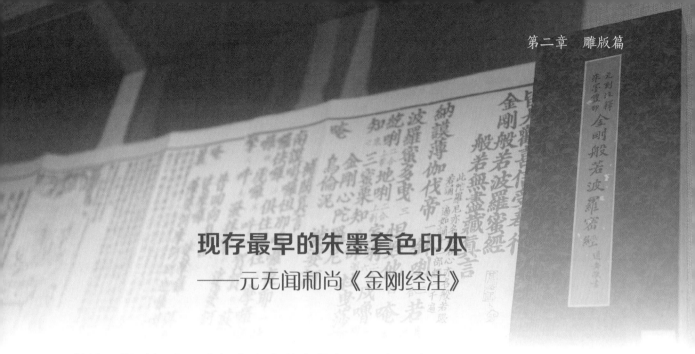

现存最早的朱墨套色印本
——元无闻和尚《金刚经注》

很长一段时间内，我们印出来的书籍都是黑白两色的。有时为了追求书籍的美观，一些学者会用蓝色墨水或者红色墨水代替黑色墨水，创造出了蓝印本和红印本。

随着雕版印刷技术的发展，人们开始思索如何印出具有两种颜色的书籍，如正文是红色，注解为黑色，这样印刷出来的书籍更便于读者阅读。

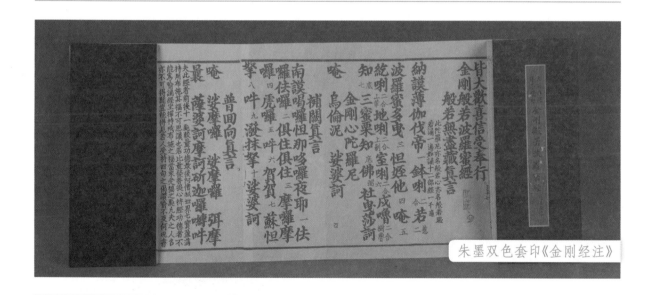

朱墨双色套印《金刚经注》

在元代，僧徒们为追求佛经的奥义，时常一手拿着原著，另一手拿着某位得道高僧对该经书的注解，对照着进行阅读。如何将高僧的注解融入原著之中，成为了当时一些僧侣和工匠不断思考的问题。后来，一些工匠尝试着在一块木版上将正文和注解都刻上，正文刻大一点儿，注解刻小一点儿。然后，将正文和注解分别涂上不同的颜

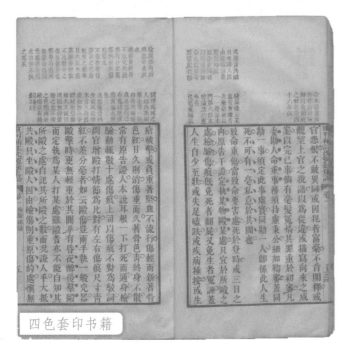

四色套印书籍

色，一次性进行印刷，就可以得到不同颜色的文本。但是，这样印刷很容易造成颜色的混淆，无法刷得那么精细。工匠们经过探索，发现可以先将木版上的正文涂上颜色，印在纸上，然后将注解文字涂上颜色，严丝合缝地套印在原印有正文的纸上。这种套印的方法，比之前在同一块版上同时刷两种不同的颜色进行印制的质量要高出许多。但是此种方法有点麻烦，就是往返涂抹颜色十分不便，工作效率不高。因此，一些工匠便将正文刻在一块版上，将注释刻在另一块版上，正文周边留出印刷注解的地方，印完正文之后，用同一张纸去套印相应的注释，虽然刻版的时间增加了，但是极大地提高了印刷的效率。

目前，我们所发现的最早的套印书籍是1341年资福寺刻印的《金刚经注》，全书用朱、墨两色套印，

在此之后，出现了三色、四色乃至五色的套印本书籍。套印技术的出现，使得以往只是黑白两色的印刷技术变得五彩缤纷，也丰富了我们对古代书籍制作工艺的认识。

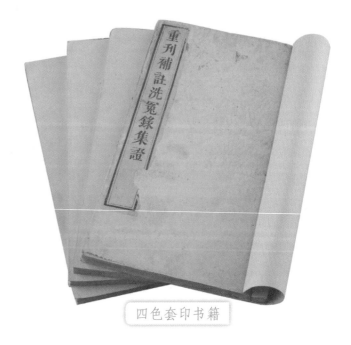

四色套印书籍

信笺中的技艺之美

写信与收信对古人而言是一种十分难忘的经历，一张张书信表达着写信人对家人和友人的思念之情。古代由于交通不发达、通讯不便利，人们尤为重视书信的质量。一笔一画要琢磨许久，方能述说出心中的所感所想。古诗文中有不少关于书信传情的句子，如"关山梦魂长，鱼雁音尘少"，便体现了未见书信的孤独之情。

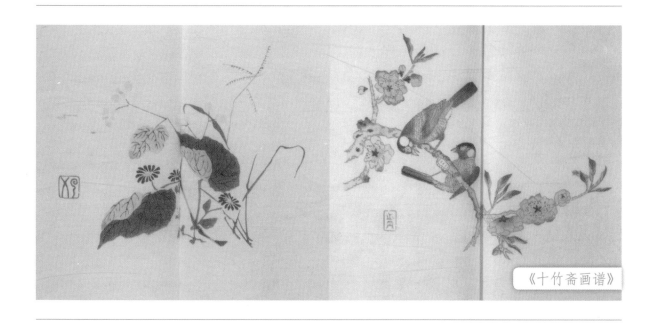

《十竹斋画谱》

书信传情，一张小小的纸片可以寄托一个人无限的遐思。因此，心思巧妙的人都会对信笺进行别具一格的装饰。为了更好地装饰信笺或诗笺，古人设计出了许多漂亮的笺纸。传统的笺纸加工有染色、加蜡、砑光、洒金、描金、泥金、彩绘和多色套印等工艺。多色套印技术是古代印刷工匠独出心裁的创造。它是将一副画作上的不同颜色区域分解开来，刻出相应的小版，在小版上涂上对应的颜色，最后将一块块小版拼凑起来。由于用于套印的雕版比较小，古人很形象地称这种工艺为饾版工艺。饾是一

萝轩变古笺谱

种江南美食——饾饤，是指将五种不同颜色的小饼堆积在盘中。通过饾版工艺制作出来的多色套印信笺纸，大约分为三个种类：一是图案信笺，在彩纸或素纸上刷印花纹、图案。二是图画信笺，在彩纸或素纸上刷印山水、

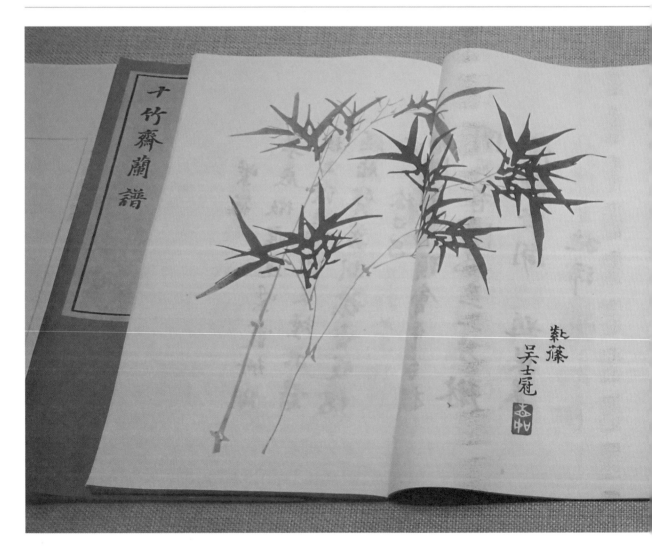

花鸟、草虫、人物、博物等。三是书法信笺，在彩纸或素纸上刷印书法作品。

饾版印刷制作信笺装饰是在明朝中后期兴起的，此时出现了不少精美的信笺纸谱，其中以《萝轩变古笺谱》《十竹斋笺谱》最为知名。

《十竹斋笺谱》荣宝斋印

鲁迅与中国新兴版画运动

鲁迅

中国现代版画，也被称为"新兴版画"，是由鲁迅提倡和发展起来的。鲁迅为中国新兴版画运动作出了历史性的贡献，因此被我国版画家尊称为中国新兴版画运动的导师。

中国是版画历史最古老的国家之一，曾对世界版画历史的发展有过不少有益的贡献。新兴版画运动是中国版画的复兴运动。这一艺术运动，不是中国版画的复古，而是一场充满活力和历史空前的版画创新运动。新兴版画运动，又是当时中国左翼文艺运动的组成部分，和中国人民的革命事业有着不可分割的内在联系，从而形成了其鲜明特色。

鲁迅对版画一向情有独钟。1927年到上海定居后，他通过徐诗荃、曹靖华等在国外的青年朋友，搜集了许多外国版画作品。鲁迅深知版画对于当时中国的意义："中国制版之术，至今未精，与其变相，不如且缓，一也；当革命时，版画之用最广，虽极匆忙，顷刻能办，二也。"有鉴于此，鲁迅不遗余力，不但广为搜罗版画作品，而且自掏印费，编辑出版了多种版画作品集，意在引入清新、刚健、质朴的文艺形式，为新兴的中国木刻运动提供借鉴和参照，并且积极推动《十竹斋笺谱》的重刻工作。

与雕版印刷术相关的国家级非物质文化遗产分布图

Locations of some China national intangible cultural heritages related to
woodblcok printing

雕版印刷技艺（江苏扬州；福建省连城县）

金陵刻经印刷技艺；德格印经院藏族雕版印刷技艺

木版水印技艺

武强木版年画；桃花坞木版年画；漳州木版年画；
杨家埠木版年画；朱仙镇木版年画；潍头木版年画；
佛山木版年画；梁平木版年画；绵竹木版年画；
凤翔木版年画；平阳木版年画；东昌府木版年画；
江县夹江年画；张秋木版年画；滑县滑县木版年画

0　　　370km

　　鲁迅的艺术鉴别力极高。他在编辑版画作品的时候，不仅重视其内容，更注重作品的艺术性。作为中国新兴版画运动的导师，鲁迅确实呕心沥血地为振兴中国版画艺术事业做着大量工作。在病逝前，他还带病参观了第二届全国木刻流动展览会，在会场和青年版画家们座谈，对新兴版画运动的发展寄以无限的期待。

雕版印刷术的今天与明天

雕版印刷术是我国古代劳动人民经历长期的实践和研究发明的，为中华文明的传承与发展作出了卓越贡献。近现代以来，在西方先进印刷技术的冲击下，传统的手工雕版印刷术渐渐不为人所知。

然而，其历史功绩是无法被磨灭的，雕版印刷技术的精神与魂魄已融入中华民族的血液之中。1960年，国家在扬州成立了扬州广陵古籍刻印社，采用传统雕版印刷术的方法来制作传统的古籍文献。2006年，雕版印刷技艺经国务院批准，列入第一批国家级非物质文化遗产名录。2009年9月，由扬州广陵古籍刻印社、南京金陵刻经处、四川德格印经院代表中国申报的雕版印刷技艺，被联合国教科文组织列入人类非物质文化遗产代表作名录。这三个地方各有千秋，扬州广陵古籍刻印社系统地传承了中国古代雕版印刷技术，在古籍刻印方面技艺高超；金陵刻经处主要是传承古代佛经、佛像木刻雕版印刷技艺；四川德格印经院主要是采用雕版印刷藏文化典籍。

印刷术作为我国的四大发明之一，是中华优秀文化的重要传播工具和记录载体。

如今，雕版印刷术逐渐融入我国的传统教育之中。由中国印刷博物馆组织的"中华印刷之光"展览，每年都会在国内开展相关的巡展，不仅展示中国印刷术的发展史，而且将现场演示传统的雕版印刷术，让观众可以现场体验这一传统的中国技艺。

第三章 活字篇

苦

活字印刷术是继雕版印刷术之后又一项重大的技术发明。它开创了印刷术的新纪元，使印刷术从雕版印刷向活字印刷迈进。活字印刷的特点是先制成一个个独立的单字，然后依照原稿，把单字捡出来，排在字盘内，涂墨印刷，印完后再把单字拆散归位，下次仍可以排印其他书籍。活字印刷术的发明与运用，使印刷书籍的效率进一步提高，为人类知识的普及

与传播起到了重要作用。

这项影响人类文明进程的技术，其源头在中国。它的发明者是中国北宋时期的一位普通老百姓——毕昇。自毕昇发明活字印刷术，这项技术不断地在改进与发展，经历了泥活字、木活字、铜活字、铅活字等过程。在这千年的历史发展过程中，活字印刷术日新月异，发生了许多有趣的故事。

平凡中的耀眼光芒
——毕昇

在中国印刷博物馆里，特设一块专门的区域，那里只陈列着一尊铜像。铜像的主人公是北宋时期一位普通的老百姓，他头顶着日月星辰，手持一排活字，目光和善地注视着前方。他是中国印刷博物馆内唯一享有此特殊展示待遇的人，他就是毕昇。不同于其他名垂青史的英雄好汉或功臣大家，毕昇貌不惊人，亦无惊人的文采或作为，然而平凡的他却因专研于一件事而名垂后世。为了更好、更快、更便捷地印书，让读书人

《梦溪笔谈》中对毕昇发明活字印刷的记载

毕　昇

毕　昇

有更多的书可读，毕昇研制出了活字印刷术，为后世迎来近现代文明的曙光作出了不可磨灭的贡献。

雕版印刷术为书籍的复制提供了极大的便利，比起一字一句用手来抄写，方便了许多倍。雕好一部书版，一次可印出几百几千本的书来。但是雕版印刷术仍然有缺点，印一页书，就得雕一块版，要印一部大书，需要不少刻工，需要花几年时间，人力、物力和时间都不经济。而且，一部大书的版片将占据大量空间。要印别的书，又得一块块重新雕刻。毕昇见此情景，心里想有没有什么好的办法可以改变现状呢？毕昇通过冥思苦想，最后想到了单个泥活字的印刷方法。首先取来粘土，除去杂草、沙石等杂质，制成胶泥，然后制成单个字坯，在上面刻出阳文反字，经窑火烧烤，就制成了坚硬的活字。常用的字刻几个或几十个，如果遇到生僻的字就临时雕刻，再进行烧制即可。排版时准备两块铁版，先在其中一块铁版上按适当比例铺一层松脂、蜡、纸灰一类的混合物，再在铁版框内按原稿的顺序排满一个个活字，排满后放在火上烘烤，使松脂、蜡稍稍溶化，再用一平板按压活字表面，使版面平整，等到松脂和蜡凝固后，排版工序就完成了。下一步就进入刷墨印刷工序，为了加快印刷速度，可以用两块版替换，一块版印刷，一块版排版，前一块版印刷完成，后一块版也就准备好了。印刷完之后，在火上对两块版再烘烤加热，等到松脂、蜡再次熔化后，用手轻拂字面，将其取下，放回存放处。

与之前的雕版印刷术相比，泥活字印刷术无需耗用大量木版即可印制书籍，且制作的活字可以用于多本书籍的印刷，极大地节省了印刷所需原料。受毕昇泥活字印刷术的影响，此后又出现了木活字、铜活字、锡活字、铅活字印刷术，但方法和理论都是一脉相承的，它们的工艺都是由毕昇的泥活字印刷术发展而来。

南宋周必大泥活字印书

毕昇发明泥活字印刷术之后，此种方法渐渐广为人知。南宋周必大也依照此法印刷了书籍《玉堂杂记》。周必大是南宋时期的名臣之一，声名显赫，为四朝宗臣。他死后，南宋皇帝宋宁宗赞赏他："道德文章为世师表，功名始终，视古名臣为无惭也。"

周必大活字印书一事记载于一封信中。1193年，年已六旬的周必大在给好友程元成的一封信中说道，采用沈括记载的泥活字印刷术排印了自己的《玉堂杂记》28条。"玉堂"是翰林院的另一种说法，周必大在《玉堂杂记》里主要记述了他任翰林院学士的往事。周必大在长沙印完《玉堂杂记》后，分赠给了一些亲友，程元成便是其中之一。

周必大

《维摩诘所说经》

1987年5月，一批佛教徒在甘肃省武威市祁连山中的亥母洞寺从事佛事活动时，发现了一批古代文物。当时，当地群众决定将文物妥善放置在原处保存。1989年，武威市博物馆对亥母洞寺遗址进行清查时，发现了一卷经文。经文上的文字是一种很陌生的文字，看上去，它的字形结构方方正正，很像汉字，却又不是汉字。经专家辨别，它就是曾经一度被认为已经失传的文字——西夏文！此件西夏文经文共计6400多字，经名和题款保存完整，经翻译得知经名是《维摩诘所说经》下集。

根据史料记载，亥母洞寺是1130年由西夏王朝开凿修建的。西夏王朝对佛教尤为崇奉，在国家法典中有专门的律令以保护佛教、僧人、寺庙的特殊地位和权益；全国各地建有很多寺院佛塔，"浮图梵刹，遍满天下"；僧人数量很多，社会地位也高。

《维摩诘所说经》

《维摩诘所说经》是大乘佛教的经典，又称为《不可思议解脱经》，历史上许多名家都曾为其作注。这部经书的主人公维摩诘宣扬不出家就可以得到解脱的理论，人不离开世俗生活，在主观上进行修养，也可以发现佛法的存在。维摩诘这种享受世间富贵、又精通佛理的方式，为不少不愿放弃世俗享受而又渴望体验佛法出世玄妙感觉的文人们所欢迎。西夏僧人既管政务，又出家，政教合一，《维摩诘所说经》的主张也恰好契合大多数西夏僧人的理念，因而受到了欢迎。1998年4月，国家文物局专门组织专家对此部西夏文《维摩诘所说经》进行鉴定，专家经过讨论分析，认为这部经书是西夏工匠在12世纪采用活字印刷术印刷的，这也是我国早期活字印刷术的重要实物例证。

《吉祥遍至口和本续》

1996年11月6日早上，一批国内顶尖专家、学者相聚中国印刷博物馆，围绕一部西夏文佛经进行了激烈的讨论与研究。此部引起专家们浓厚兴趣的西夏文佛经名叫《吉祥遍至口和本续》，是1991年9月由宁夏回族自治区文物考古研究所在贺兰县拜寺沟西夏方塔废墟中发现的。《吉祥遍至口和本续》简称"本续"，意思是"藏密经典"，是指该经书是译自藏文的藏传佛教密宗经典。然而藏文的原本早已失传，此西夏文本成了海内外唯一的孤本。专家们通过仔细地考证研究，发现此部佛经是在12世纪下半叶采用木活字印刷而成的，这也是目前世界上发现最早的采用木活字印刷而成的书籍，也是目前发现的唯一早期木活字印刷实物例证，可见该经书的弥足珍贵之处。

《吉祥遍至口和本续》的发现，证明了在中国南宋时期就已经出现了木活字印刷术，对研究中国古代印刷史和古代活字印刷技艺具有重大价值，对考古学、西夏学、佛学、藏学、图书史、文献学、文化史等也具有重要研究价值。2002年，《吉祥遍至

《吉祥遍至口和本续》

口和本续》入选64件禁止出国展览文物名录、第一批国家文献档案遗产名录。

　　然而，这部具有十分重要价值的经书的发现却带有很强的危机性。1990年的一个秋天，贺兰山区的一位牧羊人在放羊时发现拜寺沟的佛塔突然不见了，这位虔诚的牧民立即将此事报告给了当地公安局。公安局民警闻讯赶来，发现该佛塔是被不法分子炸毁的。随之，考古学家们对古塔进行了抢救性发掘。文物专家们望着满地的残砖破瓦，心情格外沉重。现场除了一根长约三四米的塔中心木柱之外，剩下的只是残垣断壁和堆积的尘土。专家们在清理塔中心木柱时，发现木柱表面有用两种文字书写的题记，一种是汉字，另一种是西夏文。通过对木柱上的文字进行研究，专家们发现此座古塔是于1075年建造的。随着考古工作的进一步展开，一系列重大发现逐渐出现在世人面前。在一堆碎砖的下面，考古学家们发现其中还保存有大量的西夏文物，不但有用汉文和西夏文两种文字书写的佛经、汉文文书，还有西夏文木牌、印花和绣花丝织品以及舍利子包等。更令人惊讶的是，考古人员意外在塔刹第十层的天宫里发现了一部印刷精美的古籍，此经即为《吉祥遍至口和本续》。由于宁夏地处中国内陆，干旱少雨，干燥的气候使得这部古籍保存比较完好。若是没有考古学家们的细心发掘，我们可能就会与此孤本无缘，也会影响对我国木活字印刷术出现时间的推断。

世界上现存最早的木活字
——回鹘活字

在中国印刷博物馆的活字展区里摆放着几个木活字，许多人都以为是画的小动物。这些小木块活字，其实是回鹘活字，也是目前世界上发现最早的活字实物。当时居住在我国西北与中亚地区的回鹘人就是采用这些小木块排印出了大量的经书。

回鹘活字

　　回鹘人是现如今维吾尔族与裕固族的祖先。他们当时居住于我国西北与中亚地区，位于中西交流的要道之上，因而不仅使用本民族特有的回鹘文，也使用汉文。由于善于经商的回鹘人通晓多族语言，许多回鹘人当时被横跨亚欧大陆的蒙古帝国采用为书记官员，回鹘语在蒙古帝国变成仅次于蒙古语的官方语言，回鹘文成为了当时欧亚大陆通行的一种文字。

　　目前共发现1000多件回鹘文木活字。1908年，在敦煌莫高窟北区第181窟（今敦煌研究院编号第464窟），法国汉学家伯希和发现了用于印刷书籍的大量小方木块（回鹘文木活字），它们各自能印出一个完整的字来。这些被伯希和劫往法国的968枚小方木块，其中有960枚现在收藏于法国巴黎吉美亚洲艺术博物馆，有4枚收藏于日本东洋文库，有4枚收藏于美国纽约大都会博物馆。中国社会科学院的亚森·吾守尔与史金波研究员对这些木活字进行了研究，极大地丰富了我们对回鹘文印刷历史的认识。此外，俄国人奥登堡率探险队于1914年在莫高窟盗掘时也发现了130枚西夏回鹘文木活字。1988年至1995年，敦煌研究院从莫高窟北区的6个洞窟里又新发现回鹘木活字48枚。我们在敦煌地区发现如此之多的回鹘木活字，证实了在元代我国西北地区的回鹘先民掌握着先进的印刷技术，而他们的活字印刷术应该学自汉人或西夏人。随着蒙古帝国事业的发展，回鹘人将此技术传带到了亚欧大陆的其他地区。到了15世纪，欧洲人开始采用活字印刷术印刷本民族的文字，这与回鹘人的贡献密切相关。

王祯和《造活字印书法》

王祯

关于当官，中国有句古话很有名——"当官不为民做主，不如回家卖红薯"。王祯即是这样一位为民负责的好官员。作为一方县令，他恪尽职守，体恤百姓。据说，他在任期间，经常将自己的薪水捐给地方兴办学校，修建桥梁，整修道路，施舍医药。然而，让王祯名垂青史的则是其费尽心血编撰而成的《农书》。王祯在不同地方当过官，发现不同地区的农业种植方法各有不同。为了让各地百姓有更好的收成，他身体力行，教民耕织，传授好的农业经验。然而，他发现自己以往的经验是远远不够的。于是，他认真查阅古书，总结全国的农业生产经验，最终编成了这部举世闻名的《农书》。

王祯在《农书》末尾处附撰了《造活字印书法》，因为王祯觉得木活字印刷术十分便利，打算使用活字印刷术来印刷《农书》。

北宋时期，毕昇发明了泥活字印刷术，但许多人主要还是使用雕版印刷术，一方面是传统习惯，另一方面在于活字印刷所需要的文字巨多，在排版印刷完成还需将文字放回原处，比较费力。《农书》的字数较多，若采用传统雕版印刷术进行印刷，所

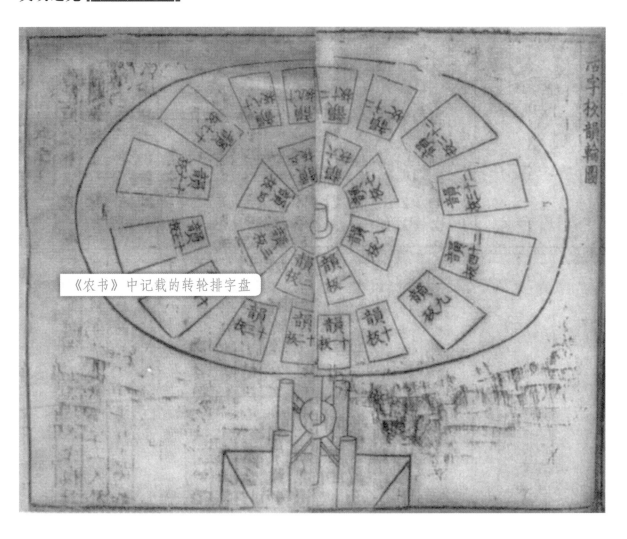

《农书》中记载的转轮排字盘

需时间和费用过多。为了节省出版费用，缩短出版时间，王祯吸收了毕昇泥活字印刷术的思想，进行了木活字印刷实验研究，并终于取得成功。

王祯先请能工巧匠按照拼音韵律抄写文字，校对无误后，将抄好的文字贴在木版上进行刻字，再将刻好的字一一锯开，按韵分类，放在一个转轮排字盘中。排字盘中不同的文字韵律又被标记为不同的数字符号，方便区分与捡取，这样就极大地提高了捡字的速度。一些不方便分类的文字与常用文字如"之、乎、者、也"，则置于另一个排字盘中。两个排字盘里总共存了3万多个大小高低一样的汉字。要排书时，一人站在一旁喊要什么字、在哪个区域，另一个人坐在两个大转盘旁边快速找字捡字，排好版后交给印刷工匠刷墨印刷。一些没有的字就令工匠迅速雕刻。王祯的造活字印书法，极大地提高了印书速度，不到一个月就印刷了100部《旌德县志》，可见速度之快。

出于更快、更好、更省地印刷书籍的目的，王祯别出心裁，对活字印刷术进行革新，改变了以往在茫茫字海里找字的情况。他所设计的转轮排字盘，极大地提高了捡字效率，减轻了劳动强度。王祯在印刷技术上的革新，对我国乃至世界文化的发展作出了可贵的贡献。2015年，王祯被列入造纸工业世界名人堂，是继蔡伦之后中国第二位得此殊荣之人。

王祯活字版韵轮图

小朋友在中国印刷博物馆转轮排字盘模型旁边认字

印书狂人华燧

《宋诸臣奏议》

中国人一直强调读书的重要性，认为书籍是修身养性、陶冶情操、通识古今的基础。"读书破万卷，下笔如有神"，可见书读得越多越好，藏书越丰富越佳。更有古语强调书籍的地位是"立身以立学为先，立学以读书为本"。对于信奉孔孟之道的读书人而言，书是承载圣人之言的宝物，不容亵渎。到了明代，由于经济与文化的的发展，藏书量成为了一个人身份地位的象征，因此出现了不少的印书、藏书狂人，华燧即为其中一个典型代表。

华燧年少时就勤于治学，喜欢坐在路口高声诵读，每遇到老先生，都会持书请教问题。每当遇到不懂的部分，他一定要专研通透为止，所以有人称他为"会通子"，而他所住的地方也被称为会通馆。华燧十分喜欢读书，因此每遇到特别感兴趣并且难以得到的书籍，他都会投入大量钱财进行翻印，家境也因他大量购书、印书而日渐没落。

华燧在推动铜活字印刷方面作出了重要贡献。目前我国发现最早的铜活字本《宋诸臣奏议》即由华燧于1490年翻印而成。《宋诸臣奏议》是由宋朝名臣赵汝愚编辑而成，此书收集了宋朝群臣的奏章共150卷，对研究宋朝的政治、军事以及宫制等具有极其重要的参考价值。除《宋诸臣奏议》之外，目前发现的会通馆印刷的铜活字本还有其他15种。自华燧之后，无锡涌现了一批铜活字印刷家，极大地促进了铜活字印刷业的发展。

传统活字印刷术的"日落辉煌"
——武英殿活字印刷

武英殿位于北京故宫外朝熙和门以西，与文华殿相对应，象征天下一文一武。康熙皇帝年幼时曾居住在武英殿，擒拿鳌拜的故事就发生在这里。1680年，康熙皇帝颁旨设立武英殿造办处，后更名为武英殿修书处，专门负责图书的刊刻、印刷、装订等事宜。武英殿由此成为皇家出版印刷地，印刷出版了大量精美的印刷品，后世将武英殿印刷出版的书籍称为殿本。殿本由于设计精美，质量较高，一直为藏书界所珍视。

历史上，武英殿有过两次大规模地活字印书活动。第一次是雍正皇帝时期，武英殿用铜活字印《古今图书集成》。《古今图书集成》号称"类书之最"。这本书的作者陈梦雷"目营手检，无间晨夕"的辛勤劳动，耗时28年，终于编成了共有1万卷、6109部、总字数达1.6亿字的著作。该书是现存规模最大、资料最丰富的类书，贯穿古今，包罗所有，被李约瑟称为"无上珍贵的礼物"。正因此书的珍贵性，雍正皇帝不惜工本，下令以铜活字精心印制。当时武英殿工匠共制大小两幅铜活字20万个，历时两年印出《古今图书集成》64部，每部10040卷，装订5020册，这是历史上规模最大的一次铜

活字版印书。这部武英殿铜活字
版图书印刷精美，堪称中国古代
活字印刷史上的巅峰之作。中国
国家图书馆保存着一套雍正时期
的铜活字本《古今图书集成》。
这部卷帙浩繁的图书能流传至
今，与印刷工匠们的辛勤付出是
密不可分的。

武英殿第二次大规模地活字
版印书活动是印刷《武英殿聚珍
版丛书》。1772年，乾隆皇帝下
令编撰《四库全书》，该部书几
乎囊集了当时所有的图书，内容
涉及中国古代所有的学术领域，
可以称为中华传统文化最丰富、
最完备的集成之作。为了更好地
出版这部书，乾隆皇帝命金简于
武英殿印刷《武英殿聚珍版丛
书》。最早的书目都是采用传统
的雕版印刷印成的。然而，随着
书籍编辑工作的开展，需要印刷
的书越来越多，费时费力的雕版
已经无法应付刊刻的需求，负责

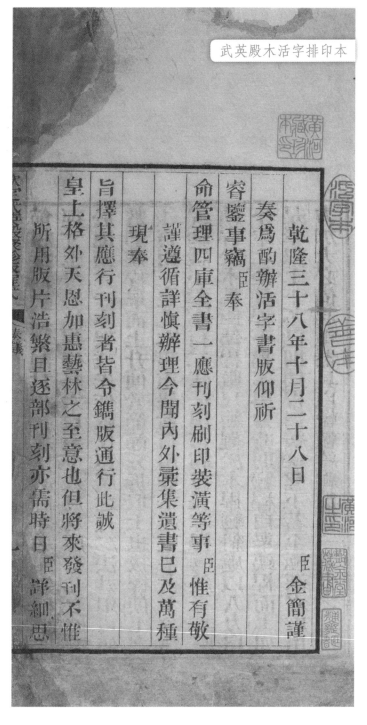

武英殿木活字排印本

刊刻事务的金简十分忧心。康熙时期，武英殿印书都是采用铜活字印刷，但由于铜越
来越贵，官府就将铜活字全都融化去做铜摆件了。由于重铸铜活字太麻烦，而且全套
铜活字成本极高，金简上书乾隆皇帝，建议选用木活字印刷，木活字造价便宜又比较
轻便。乾隆皇帝对此大为赞赏，又认为"活字版"听起来不够高雅，遂赐名曰"武英

《武英殿聚珍版程式》：（1）成造木子图；（2）刻字图；（3）槽版图；（4）摆书图。

殿聚珍版"，中国历史上规模最大的一次木活字印刷工程就此启动了。在印刷时，金简改用字柜来放置活字，12个字柜依次排开，每个字柜又分成200个抽屉，每个抽屉分成大小8格，以部首笔画检字，相对于王桢的转轮排字盘效率更高。王桢是在一整块木板上排好字，再用木条固定四边。金简则直接用梨木板刻出格线，底下装上活闩，将字块嵌入后拧紧活闩，刷印起来不易移动，版面也更为工整漂亮。像武英殿这样大规模地采用木活字印刷，在中国历史上还是第一次。在实践过程中，金简不断优化印刷方法，总结出一套行之有效的方法，并于1776年撰写完成《武英殿聚珍版程式》一书，十分详细地记载了印刷的全过程。据记载，武英殿共造了20余万个木活字，但后来被守门的士兵用以生火取暖，全部化为灰烬。

　　在清朝帝王的支持下，武英殿工匠们采用活字印刷术印刷了中国历史上的两部重要典籍，为中华文化的传承和发展作出了卓越贡献。然而，武英殿的几十万个铜活字、木活字终究未能留下来，似乎也暗示着传统活字印刷术的命运。之后，西方的铅活字印刷术传入中国，并以其简便高效迅速占据了印刷业的主流。

执着的泥活字印书秀才

——翟金生

翟金生，字西园，号文虎，生于清代乾隆年间，是个秀才，以教书为业，在诗、书、画方面都有自己的独到之处。在当时，一般人的著作因雕版费用昂贵而无力出版，因而不能流传于世，他有感于此，而后从《梦溪笔谈》中关于毕昇泥活字印刷术的记载得到启发，决心再造泥活字。翟金生根据毕昇的方法制造泥活字，并汲取了后来铜活字和铅活字制法中先作字模、再以字模制字的经验，拓展了泥活字的制造方法。有了字模、再制泥活字，特别是常用字，如"之""也"等字，就方便得多了。翟金生制造泥活字的过程是，先以胶泥制阴文正体泥活字，烧干作为字模，再以此字模制出阳文反体泥活字，稍加修整后，烧干备用。

翟金生的家境并不富裕，因而无力聘请工匠，他靠着自己执着的精神，在家人的帮助下，苦心钻研泥活字印刷。这一干就是30年，他历尽千辛万苦，刻制泥活字10万多枚，这些泥活字均为宋体字，有大、中、小、次小、最小五种字号，以适应眉批、注释等各种复杂版面的排版需要。翟氏印书中的泥活字印本又分为"泥斗版""澄泥版""泥聚珍版"。

翟金生用自制的泥活字排印自己的诗文集，书名为《泥版试印初编》。该书笔画清晰，行列整齐，纸墨俱佳，虽然是初次试印，但其印刷质量并不比同时代盛行的木活字印刷差多少。书中有5首五言绝句，作者以通俗诙谐的诗句表述了30年来研制泥活字印刷的酸甜苦辣。之后，翟金生将《泥版试印初编》进行修改并增加了一部分诗文，重新排印成《试印续编》。该书使用了较小的泥活字，行款也与《泥版试印初编》不同，字体匀整，笔画流利清晰，反映了排印技术的进步。翟金生还用泥活字排印其友人、禁烟派代表人物黄爵滋的诗集《仙屏书屋初集》共五册，小号字排印，诗中小注字体更小。

翟金生所处的时代，木活字已经普遍使用，西方的铅活字技术已传入我国，相比之下，泥活字已不是最先进的印刷技术，但翟氏继承传统的泥活字技术，而且用其印制出不少质量上乘的书籍，再现了毕昇的泥活字印刷术，进一步为活字印刷术最早出现于中国提供了印证，因此在印刷史上依然占据一席之地。

铅活字的曙光

铅活字印刷术，是用铅活字排成完整版面进行印刷的工艺技术。铅活字是用铅、锑、锡三种金属按比例配比熔合而成，这种合金的优点是熔点低，熔融后流动性好，凝固时收缩小，铸成的活字字面饱满清晰。比之其他的金属活字，如铜活字、锡活字，铅活字的印刷效果更好，制作更为方便。

1440年左右，德国人谷登堡发明了铅活字印刷术。不同于我国采用的手工雕刻印刷，谷登堡开启了机械印刷时代，从而极大地推动了欧洲文化和教育事业的发展。随着欧洲航海时代的开启，在欧洲传教士的推动下，西方的铅活字印刷术传入了中国。

马礼逊是基督教在中国传教的开山鼻祖。他开创的译经、编字典、办刊物、设学校、开医馆、印刷出版等事业，均被其后的新教传教士乃至天主教传教士所继承和发扬，成为开创近代中西方文化交流的先驱。马礼逊熟识中文，又懂西方先进的铅活字印刷术。1814年，马礼逊在马六甲设立东方文字印刷所，研制中文铅活字，于1819年排印了第一部中文新旧约圣经。这是西方近代铅活字印刷术较早用于中文的排印，也标志着中文铅活字在中国使用的开端。

此后，随着1840年第一次鸦片战争的爆发，越来越多的西方人来到了中国，将西方先进的印刷技术带到了中国。

活字印刷之利器
——元宝式排字架

　　由于汉字比较多，从古至今，印刷工匠在采用活字印刷术排版时，都在为如何更好地存字、捡字而努力。元代王祯发明了转轮排字盘，按韵捡字。清朝金简采用了字柜存字，按偏旁部首捡字。到了近代，美华书馆的美国传教士姜别利发明了电镀华文字模之后，又致力于华文排字架的改良。他根据汉字的使用频率，将统计好的汉字分成了15类，再将这15类汉字归纳，划分为常用字、备用字和罕用字三大类，发明了木制的元宝式排字架来存放这些活字。元宝式排字架整体上分为左、中、右三部分。其正面居中设24盘，这24盘又分成上、中、下三层，每层各8盘，上8盘和下8盘装备用字，中8盘装常用字；两旁设64盘，装罕用字。各类铅字均以《康熙字典》的部首检字法分部排列。排版时，拣字者于中站立，就架取字，十分便利，大大提高了活字排版速度。这是姜别利为中国近代铅活字版印刷发展作出的又一重要贡献。当时，美华书馆采用了姜别利的排字架，大大提高了印刷的质量和效率，迅速发展成为当时上海规模最大、最先进的活字排版、机械化印刷的印刷机构。之后，元宝式排字架不断改进，一直沿用到了20世纪70年代。

经济日报社铅版

铅活字印刷术是我国20世纪主要使用的一种印刷术，是书籍报刊印刷的主要方式。

然而，铅活字印刷术有一个很大弊端，就是排版费时。这主要也是由于我国汉字众多。为排一句话，需要从茫茫字库中进行挑选，这之间的工作需要极大的耐心与精力。加之铅活字笨重，铅又有污染，因此自铅活字印刷术运用以来，人们一直在不断地进行改革创新来解决汉字排版问题。

1974年，国家开始了"748"工程（汉字信息处理系统工程），以王选为代表的科研团队开创性地以"轮廓加参数"的描述方法和一系列新算法，研究出一整套高倍率汉字信息压缩、还原、变倍技术，从而使研制激光精密照排成为可能，使我们的汉字在计算机上实现了快速存储与输出。

1987年5月22日，王选率领研制的华光Ⅲ型机在经济日报社印出了世界上第一张采用计算机组版、整版输出的中文报纸。这标志着汉字输入输出计算机的技术难关被攻破，对加快中国追赶世界第三次技术革命的步伐意义非凡。

在中国印刷博物馆里藏有一件经济日报社采用激光照排技术前一天《经济日报》印刷报纸时所使用的铅版。这整块版较好地展示了当时报纸的排版过程。在20世纪，要完成一份报纸，首

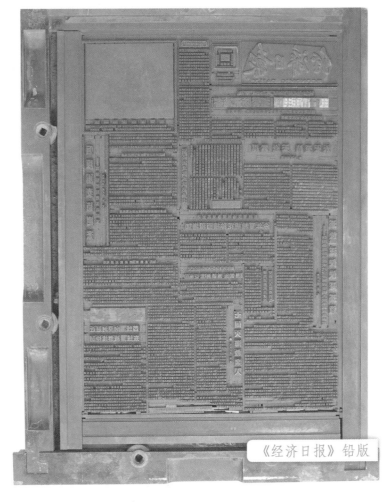

《经济日报》铅版

先需要从众多的字库中挑选所需大小字号的文字，进行排版。完成一个小版内容的排版之后，最后还需对所有小版内容进行拼版，工作必须谨慎认真，否则，一旦其中某一部分铅活字散落，将直接影响第二天报纸的出版发行工作。而汉字激光照排技术的使用，使我们的印刷工人不必再于铅活字排字架中往返穿梭挑选文字，极大地提高了印刷的速度与效率。

铅版退出历史舞台，说明曾为世界贡献了活字印刷发明的中国终于告别铅与火，迎来光与电。

急需保护的世界非物质文化遗产
——瑞安市活字

　　20世纪90年代，随着计算机排版的普遍应用，传统的手工雕版活字印刷术毫无招架之力，渐渐退出了历史舞台。历史是无情的，它不会因为传统手工活字印刷术几百年的印书功绩，而为它专留一席之地，继续让它担任印刷舞台的主角。然而，历史又饱含着"深情"，它让这些技艺融入后世的生活与记忆之中，在文化的血脉中得以传承。

　　活字印刷术传承至今已有千年的历史。虽然时代日新月异，传统手工的活字印刷术已很少见到，但是在浙江省一个偏远的村落里，那里的村民世世代代都用木活字印

瑞安木活字

刷族谱。出于对祖先的敬重，淳朴的村民仍用传统的刻刀一刀一划地刻字印刷族谱。这个村落就是如今名扬四海的"木活字印刷文化村"——瑞安市东源村。

中国木活字印刷文化村展示馆外景

瑞安木活字印刷中使用的是徽制烟墨和宣纸，采用棠梨木制作活字，这种木料产量大，而且不易变形，即便南方气候潮湿，字模也不易开裂。

2008年，瑞安木活字印刷技术经国务院批准列入第二批"国家级非物质文化遗产名录"。2009年，文化部确定以瑞安木活字印刷技术为载体，向联合国教科文组织申报中国活字印刷术为"急需保护的非物质文化遗产"。2010年，以瑞安木活字印刷术为载体的中国活字印刷术被联合国教科文组织列入"急需保护的非物质文化遗产名录"。

活字印刷术为世界文明的发展作出了卓越贡献，虽然纯手工的活字印刷术相对于如今的机械印刷已经落后了很多，但是它记载了人类为推动文化发展作出的种种努力与尝试。如今的东源村已是闻名海内外的木活字印刷文化村，掌握木活字印刷技术的师傅有近百人，政府也在此建了一个占地1600多平方米的中国木活字印刷文化村展示馆。

走向世界的宁化木活字

宁化木活字

2010年，福建省图书馆的专业技术人员在宁化县采集客家文化资源时，无意中从当地人拍摄的纪录片《老族谱》中找到了一条与木活字有关的线索。经过追索，人们发现宁化县石壁镇的客家公祠里仍然保存着古老的木活字，现存木活字数量超过30万枚。这一消息对外发布后，在社会上引起了轰动。

宁化木活字同瑞安木活字一样，在发展过程中遇到了重重困难，许多传承人不得不改行另谋生路，木活字印刷技术一度面临着失传的境地。幸而，国家对传统文化技艺日渐重视，在政府的支持下，宁化木活字的传承人不断努力，将宁化木活字的技艺与文化精髓推向世界。

当地政府为了推广保护，也多次派传承人前往世界各地展示。一些传承人远渡重洋，在美国盐湖城参加国际性的木文化展览，并在现场展示手工雕刻木活字。为了拓宽业务，一些传承人在网上出售、定制木活字工艺品，不仅销售木活字印刷的经典作品，还可定做英文、阿拉伯文等各种字体的印刷品。2014年，宁化木活字传承人参与设计制作的书籍《黟县百工》，从353册参评图书中脱颖而出，荣获2014年"中国最美的书"的荣誉称号。该书是由宁化木活字传承人邱志强和巫松根采用传统老宋字体木活字印刷，由宁化籍画家孔德林作插画，由宁化文化馆戴先良校对，整册书用玉扣纸印刷，穿线装订，显得古朴悠远。

在当今时代，传统的活字印刷术在技术上虽已落后，但它凝聚着中华民族千年的文化传承与记忆，散发着中华文化特有的魅力与内涵。文化是一个国家不可磨灭的记忆，承载文化的印刷技艺也不会因时代的发展而被人遗忘，它总会存在于民族的血液之中。

第四章 近现代篇

迄

如果将中国印刷的发展历史分为24小时，那么最后3小时就是近现代印刷时代。在这短短的3个小时里，传统的手工雕版印刷、活字印刷仍在印刷业中占据一定的比重，西方的机械印刷逐步为中国人所采用。当时的中国人被西方机械印刷的高效率所震惊，而后开始逐步学习。在最后的20分钟里，我们主要采用了铅活字印刷，看似时间很短，然而其中的辛酸只有印刷工作者才能体会。

王选激光照排技术的问世，奠定了我们如今可以在网上直接排版打印的基础。网络印刷、数字印刷、绿色印刷在最后几分钟内纷纷登场。在短短的几十年时间里，中国的印刷事业发生了翻天覆地的变化。

老牛耕书田

——墨海书馆奇闻录

《博物新编》墨海书馆

墨海书馆是上海最早的一个现代出版社，于1843年由英国传教士创建。墨海书馆在创建之初，拥有中文铅字2副、西文铅字7副，并从英国运来3台印刷机。当时的上海尚无电力供应，于是便出现了牛拉机器进行印刷的奇闻。

对于已有漫长机器印刷历史的英国人而言，当时中国的雕版印刷不符合他们的印刷习惯，也无法满足他们的需求。为了尽早尽快印刷更多的宗教类图书，墨海书馆的传教士们想尽办法来解决机器动力问题，最后想出了以牛拉机器的方法。传教士们让牛在单独的一个房间如同毛驴拉磨般带动机械，所产生的转力凭齿轮传送到印刷工作间。此种奇特的现象堪称世界印刷史上的一大奇闻。这也是西方技术传到中国后如何本土化的一次尝试。在这种新奇的创举下，中国近代印刷史慢慢拉开了序幕。

墨海书馆牛车

PRINTING THE CHINESE SCRIPTURES.

中国第一版钢凹版钞票
——大清银行兑换券

  中国是纸币的发明国。早在宋代，我国古人采用雕版印刷了世界上第一张纸币——交子。而后，我国使用的纸币都是采用传统雕版印刷与活字印刷相结合的方式进行印制的。近代以来，我国的纸币印刷技术与欧美国家相比，存在着极大的技术差距。纸币的发行关乎国家经济安全，因此清政府开始着手发行新的纸币。

  当时美国已经使用钢版雕刻印刷纸币，清政府便派人前往美国，花巨资邀请技师，来雕刻纸币钢版。1908年，海趣受邀来到中国，任技师长，主要负责产品的设计、雕刻、制版工作，并负责传授技术，每月薪资高达3600美元。

  此套用钢凹版雕刻印钞技术印制的钞票，被称为大清银行兑换券，又叫"龙钞"。我们通过图片可以看到，钞票正面的左上侧圆框内都有一位年轻的清朝贵族，他就是宣统皇帝的父亲——醇亲王载沣。为何载沣会出现在中国首套钢版凹刻印制的纸币上呢？这得从海趣来中国的时候说起。海趣来到中国进行纸币图样设计和钢版雕刻工作，中美双方均同意采用皇帝的头像作为票面的图案，但因那时光绪皇帝已经驾崩，宣统皇帝还是一个三岁的孩童，"御容"稚气未脱，无法作为票面肖像。于是，担任监国摄政王、清政府的实际统治者载沣，也就顺理成章地成为票面人物肖像的不二人选。为此，海趣还特地制作了觐见时穿的朝服前往王府拜见了摄政王载沣。

  武昌起义后，清朝覆亡，当时这套大清银行兑换券正在印刷中，未能发行便停止生产，仅有数套票样流入社会。20世纪80年代末期至90年代，北京印钞厂曾复制大清银行兑换券，作为观赏币以供爱好者收藏。

● **延伸阅读**

大清银行兑换券计有一元、五元、十元、一百元四种。票券正面左侧均为摄政王载沣半身像，正面中央以龙海图为主景。票券正面下侧辅景分别为：一元券大海扬帆，五元券八骏骑士，十元券雄伟长城，百元券农民耕地。正面印有"凭券即付银币×元全国通用"字样以及红色编号。背面印有大清银行英文行名，并盖"大清银行监督"和"检校印记"两枚印章。

为了选色，当时总共印了不同颜色的8套试样，以32张试色票装订成一册，征求皇族大臣的意见，最后议定正面全印黑色，背面一元绿色、五元紫色、十元蓝色、一百元黄色。

大清银行兑换券全套试样

大清银行兑换券

大龙邮票

中国海关印制的第一套邮票
——大龙邮票

　　说起中国的邮票，最具特色、最为知名的当属大清海关试办邮政发行的大龙邮票。这是中国最早自主发行的邮票，是由清政府海关发行的。按照常理，邮票应该由邮政部门发行，为何这套邮票与海关有关呢？这也跟当时的时代背景有关。1840年鸦片战争以后，侵华列强疯狂地在中国攫取权利，如海关这种重位要职，外国人自然不会放过。清政府海关总税务司是英国人赫德。赫德想方设法让清政府同意了由海关来试办邮政，希望以此来掌控中国的邮政大权。赫德将邮政大权揽入手中之后，便交代天津海关税务司德璀琳开办效仿西方模式的邮局书信馆。为了便于邮件的收送，也为了进一步规范海关对书信局的管理，德璀琳筹划了中国近代史上的第一套邮票——大龙邮票。

　　一套大龙邮票共3枚，邮票的图案都是正中绘一条五爪金龙，衬以云彩水浪。

通过邮票的颜色和面值区分不同。面值用银两计算：一分银（绿色，寄印刷品邮资）、三分银（红色，寄普通信函邮资）、五分银（桔黄色，寄挂号邮资）。大龙邮票的设计者是谁，到目前为止一直成谜。

关于大龙邮票的印制，有资料记载，德璀琳在书信馆开张前一年便向英国寄去

延伸阅读

大龙邮票的邮资用银两来计算，1两银子的1%，即1分银作单位。那么，1分银是什么概念呢？通过折算，相当于当时的16枚铜板，当时1枚铜板能买1个烧饼，所以说16枚铜板是相当昂贵的。

印制邮票的订单，但由于时间太长、周期太久而放弃，后来为了应急，只好请上海海关造册处先行印制一批。

大龙邮票的问世，揭开了中国邮票发行史的序幕。

因教科书而崛起的商务印书馆

西学东渐前的中国，一直采用私塾方式教学，所用教材皆《三字经》《百家姓》《千字文》《千家诗》《幼学琼林》《幼学杂字》《女二十四孝图说》等。在西学东渐的年代，这些图书显然不适宜新形势下教学用书的需要，加之中国人口众多，教学用书印量甚巨，新式学校的建立和教学用书的更新，对教科书的编纂和印刷提出了相当急迫的需求，新型教科书的兴起和普及因此被提上了日程。

起初，西方传教士在中国附设了一些西式学堂，引入了西方的教科书。1868年，上海江南制造局设立翻译馆，翻译了代数、化学、格致之类的书籍。1897年，商务印书馆在上海成立，创办人为夏瑞芳、鲍咸恩、鲍咸昌、高凤池。当时，耶稣教会设立了很多小学，商务印书馆看到了英语教科书的市场潜力，于是就请人将英国课本逐篇

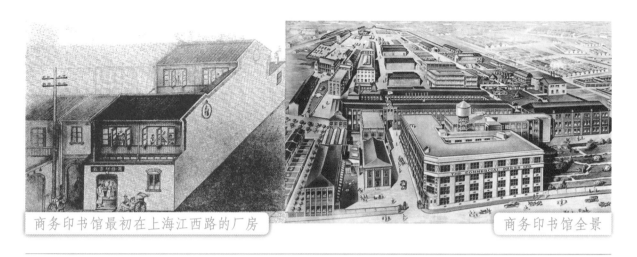

商务印书馆最初在上海江西路的厂房

商务印书馆全景

翻译，印制成中英文双语的课本，定名为《华英初阶》《华英进阶》。这两种教材成为英语学习者的首选教材，风行了很多年。通过这次成功，商务印书馆在出版界崛起，同时看到了出版教科书的巨大市场潜力。夏瑞芳总结市面上有些出版物无人问津的原因，意识到"组织书稿出版图书不是门外汉所能胜任，必须要由真才实学之士担任，还必须建立自己的编译所"。于是，在编写出版新式教科书方面，商务印书馆不惜重金网络人才，以提高教科书的编写质量。

夏瑞芳认为，只有张元济才是他心中最理想的总编辑，于是对张元济所说的戏言——每月350块大洋的"天价"高薪欣然接受。1903年初，张元济应夏瑞芳邀请加入商务印书馆，两人相约"吾辈当以扶助教育为己任"，共同研究适合当时国情的新式教科书。

下面就是几本有代表性的教科书。

《华英初阶》是商务印书馆出版的第一部英文教科书，将英国人为印度人编写的教材翻译成中文，采用中英文的方式编排。出版后初印2000册，不到20天便销售一空，于是不断再版。随后又编辑出版了《华英初阶》的提高版，定名为《华英进阶》。

《最新教科书》是晚清时期最完整的一套

《华英初阶》

教科书，于1904年开始出版。此书基本具备了教科书的体裁，形成了系统完整的教科书体系，编者注重由浅入深，图文并茂，且教科书内容广泛，符合少年儿童的学习心理。此外，还把新的西方科技知识编入教材，大大提高和扩大了学生的眼界。随后，各大书局所编印教科书均在一段时间内有所模仿。《最新教科书》系列的第一部是《最新国文教科书》，也是最基础、最重要的一部。在形式方面，根据年级来选用文字，每册限定字的笔画，由少到多逐渐递增。教科书采用的文字均为常用字，不取生僻字。在内容方面，规定选用各科的事项，规定各科内容的比例，采用优美的文字表述，并配上与内容有关的插图等。

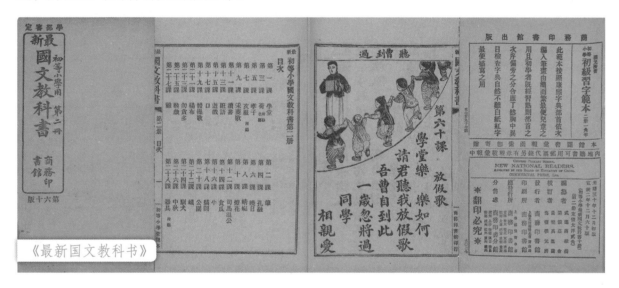

《最新国文教科书》

新的教科书出现，对整个教育界而言是一场革新。教科书更新换代，教师如何能跟上新教科书的步伐，如何能将新知识有效正确地教给学生，这对当时的教师来说也是一种考验。张元济等人考虑到新学制草创、教科书初定，教师不熟悉新教材和教学法，就编辑出版了《教授法》，随同教科书一并寄给教师。《教授法》根据课文的内容提供相关资料，讲授方法，还加入了练习、问答、联句、造句等内容，对教师熟悉教材和组织授课有很大帮助。最早配备《教授法》的教科书就是《最新教科书》系列。

20世纪30年代之前，国内大学都采用英文课本，但有很多弊端，如英文原版书价格昂贵，学生负担不起；外国教材使用起来，存在语言障碍和国情差异问题。1930年，商务印书馆提议有系统地出版大学教科书，并得到蔡元培的重视。1931年，商务

《大学丛书》

商务印书馆编印的书籍

印书馆决定编印《大学丛书》，敦请蔡元培领衔，组织各界知名人士共55人成立丛书委员会，按照各大学必修课目著译编辑。《大学丛书》的编辑出版对我国出版事业、教育事业的贡献极大，是我国大学独立的重要标志。

1932年1月28日，日本侵略者用飞机炸毁了商务印书馆，大火烧毁了商务印书馆用30年时间建立起来的东方图书馆，全部藏书46万册悉数烧毁，其中包括善本古籍3700多种，共35000多册。当时号称东亚第一的图书馆一夜之间消失，价值连城的善本和孤本图书从此绝迹人寰，这是中国文化史上的一大劫难。但是，商务印书馆并没有"永远不能恢复"。商务印书馆的员工陆续从灰烬中整理出价值约87万的受损物资，修复机器，开办小厂，逐渐恢复生产。半年之后，商务印书馆在上海各报刊登启事，正式复业。8月1日复业那天，"为国难而牺牲，为文化而奋斗"的标语悬挂于河南路发行所内，让无数路人为之动容。

近代社会中崛起的报纸
——《申报》

报纸有着十分悠久的历史，早在唐代就有将皇帝的谕旨、文臣武将的奏章以及政事动态"条布于外"的进奏院状了。然而，我们国人养成每天看报的习惯至今只有100多年的历史。近代以来，中国政局动荡，世界局势风起云涌，报纸成为国人开眼看世界、了解社会的重要窗口。在这些报纸当中，发行最久、影响最为广泛的当属《申报》。

在不少民国题材电视剧中，大上海

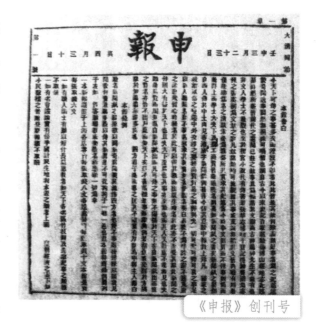

《申报》创刊号

《申报》（墨江县档案馆馆藏）

商务印书馆在《申报》上刊登
启事，宣布全部收回日股。

街道上的报童，或是读报的人，手上销售的或看的都是《申报》。《申报》得以成当时最为有影响力的报纸，主要在于其内容以刊登国计民生事业为重任，重视新闻的真实性，并注重反应社会实际情况。许多内容都是大家关心的热点话题，加之文字通俗，叙事简洁，因此无论是知识分子还是平民百姓都喜欢阅读。《申报》从1872年发刊到1949年终刊，历时77年，出版时间之长，影响之广泛，是同时期的其他报纸难以企及的，在中国新闻史和社会史研究上都占有重要地位。《申报》见证、记录了晚清以来中国曲折复杂的发展历程，因此被人称为研究中国近现代史的"百科全书"。

《申报》以一般百姓为读者对象，使得一些中国人养成了读报习惯，了解国内、国际发展局势。当大批国人读报的时候，背后有一批日夜不辍的印刷工人在不辞辛劳地排版印刷。

可以在石头上作画的印刷方式
—— 石印

在中国印刷博物馆的展厅里存放着一块石头，它上面反着画了一幅画。每当观众看到它，都会充满了好奇，这块石头跟印刷有什么关系？为什么会放在这里？其实，这就是我们在书本上看到过的石印。在石头上印刷，也是印刷方式的一种，它的原料非常简单，只需要一块打磨平整的石头、油脂、油墨、水和纸。但石印所

石印

用的石头并不是普通的石头，而是具有多孔、吸水、质地细密且能较长时间保留水分的石版。中国印刷博物馆所展示的石印版，是用奥地利一家公司从深海中挖到的石头磨制而成的。

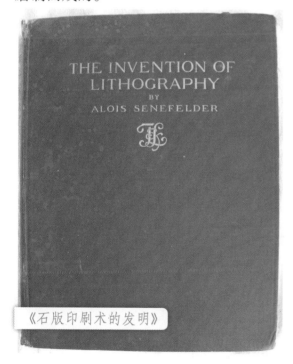

《石版印刷术的发明》

石印是欧洲人阿罗依·塞尼菲尔德在1798年实验成功的。说来，塞尼菲尔德的这项发明也充满了戏剧性，他一直想自己开创一番事业，成为一名写剧本、印剧本、出版发行多重身份的经营者，但由于资金匮乏，只能研究财力能及的复制方法。一日，他的母亲来到工作间让他帮忙记录一些东西，因为身边没有纸和墨，他就随手用笔沾着特种墨写在了一块打磨好的石板上。事后，他要清除石板上的字迹时，突然想到可以用硝酸来腐蚀版面上的字而留下字迹。经过实验，

石 印

石印机器

字迹部分真的能够清晰无损。在石头上印刷这项技术便应运而生。

19世纪30年代，石印技术传入中国，但开始都是用它来印刷宣传品，影响不是很大。后来，点石斋印刷局所印制的中国古籍、科举用的书籍、新式的教科书风行一时，其中《康熙字典》在数月内卖出10万册，这在中国出版史上是绝无仅有的。之后，点石斋印刷局又印制发行了记录上海时事的《点石斋画报》，不仅对石印技术在中国的传播与发展作出了巨大的贡献，推动了石印技术的普及，而且带动了印刷行业的革新。

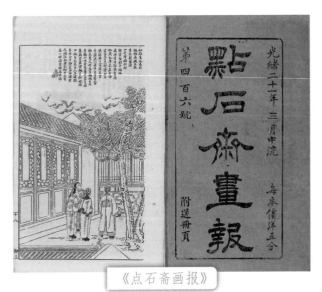

《点石斋画报》

《点石斋画报》内页

镜中"玫瑰"

——假以乱真的珂罗版复制法

珂罗版画

敦煌壁画是世界艺术珍品，然而，由于地处恶劣的沙漠干旱环境中，风蚀和沙尘危害严重，窟内壁画正在迅速恶化。为了保护敦煌壁画，敦煌壁画的临摹工作从20世纪40年代就开始启动，至今已有70余年。但是，临摹是一个再创作的过程，与原品从色彩到神韵还是有所差别的，这时有人想到了用珂罗版复制法来复制敦煌壁画，并取得了成功，用珂罗版技术将敦煌壁画这种不可移动的文物带到了世界各地。

珂罗版复制需要全手工操作（专业照相、修版、晒版、印刷），印品无网点、专色压制、无颜色偏差等，是一种最接近原作的复制方式。与其他复制工艺相比，优点是无法替代的。因此，珂罗版复制法常被用于印刷名人书画、珍贵图片、文物典籍等高级艺术品。

珂罗版复制法是一种传统的印刷技术，所用的纸是中国传统的宣纸，但这项技术却是从国外引进的。珂罗是日文中"胶质"的一个译音，所以珂罗版又叫玻璃版。珂罗版复制法的特点是传神逼真，能够很好地保持住笔墨渲染出来的神韵。它起源于德国。1868年，德国慕尼黑的一名画家阿尔伯特印出了第一张用珂罗版复制法复制的图画，并用于实际生产。珂罗版复制法在光绪年间由日本传入中国，第一件印刷品是上海市徐汇区土山湾的宗教所印刷的圣母像。但由于珂罗版的印版耐印度不高，每张版大概只能印500份左右，而且制版的技术比较复杂，很多都需要靠经验来完成，因此珂罗版印刷的成本较高，产量比较低。

珂罗版印刷机

● 延伸阅读

　　珂罗版复制法的工艺过程包括研磨玻璃、涂感光液、接触曝光、显影、润湿处理，通过水墨相斥的原理进行印刷。技术固然重要，但对于印刷的视觉效果也要有所预见。一幅作品，最重要的是理解艺术家究竟想要表现什么，了解他一贯的表现风格与创作习惯，分析画家当时的创作状态，只有知道每一处笔墨的先后顺序，才能原汁原味地营造出色彩叠落的美感，也只有准确把握了笔墨拉开的速度，才能精确地还原出墨的厚薄程度，最大化地还原真实。

《红楼梦》与香烟的故事

哈德门香烟广告

哈德门香烟广告 倪耕野 1930年前后作

在清末和民国时期，吸烟是一种时髦的生活方式，尤其是在天津、上海等大城市，摩登女郎的标志之一就是会吸烟，因此我们在许多民国时期的影视作品中都会看到手指上夹着细长香烟的美女形象。

为了增加香烟的销量，烟草商们绞尽脑汁地想尽办法吸引顾客。起初，香烟盒里的装饰成为了一个很好的突破点。民国时期，烟盒里会附赠一张硬卡片，以起到支撑烟盒的作用。而后，香烟厂为了推销香烟，对卡片进行了设计，做成了独具特色的香烟画，以起到广告宣传与促销的作用。在这些香烟画系列中最为知名的，当属南洋兄弟烟草公司设计的一套120枚的《红楼梦》人物集锦。

1922年，南洋兄弟烟草公司为了与英美烟草公司竞争，在喜鹊牌香烟中附赠了一张《红楼梦》戏剧人物画片。这套香烟画上角标有人名，下角标有编号，背后配以诗词，印刷十分精美。为了促销，南洋兄弟烟草公司扬言集全120种者，可领赏一万大洋。但是，中奖率相当低。因为每10万套中，只投入了一枚58号的"柳五儿"，这是中奖的唯一王牌，所以当时都称其为"红楼金画"。一时之间，无论抽烟的还是不抽烟的，无论是贩夫走卒还是达官贵人，都开始热衷于收藏此套《红楼梦》烟草画。然

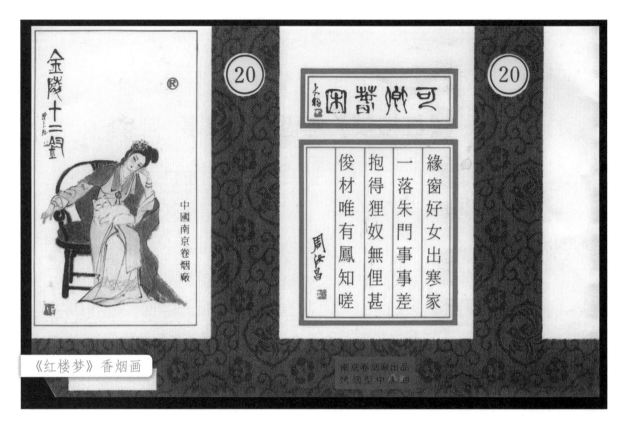

《红楼梦》香烟画

而好景不长，一些烟草公司为了打击喜鹊牌香烟，开始大量仿造58号"红楼金画"，南洋兄弟烟草公司不得不宣布停止兑奖。由此，许多民众大为恼怒，以致一段时间里喜鹊牌香烟无人问津。

在香烟画出现之前，很少有人会将烟草与中国的文学人物结合。而印刷技术的发展与商家的别出心裁，使得两者得以结合。印刷的发展，使文化得到了发展与传播。

中国现代印刷业的先驱

——柳溥庆

　　中国印刷博物馆的展柜中有一架老式照相机，这是一件珍贵的历史文物。就是用这台照相机，柳溥庆先生在1924年留法活动时给周恩来、邓小平等人留下了珍贵的照片。

柳溥庆

1996年4月30日,柳溥庆先生亲属捐赠珍藏遗物——1925年为周恩来、邓小平等在法国合影时用过的照相机。

　　柳溥庆1900年出生于江苏省靖江县，12岁时辍学，进中国图书公司印刷所当铸字童工，后转入商务印书馆工作。由于自身努力，刻苦钻研，他在1923年成为商务印书馆技术部副主任。1924年，他参加了留法勤工俭学活动，到巴黎印刷学校学习印刷，并在巴黎美术学校学习美术。回国后，他在上海成立了照相制版和印刷器材公司，专门印制商标、黄山画册等印刷精品。柳先生在印刷方面努力钻研，于1935年发明了中文照相排字机，后来担任北京印钞厂总工程师，在中国自行印制纸币的工作中作出了

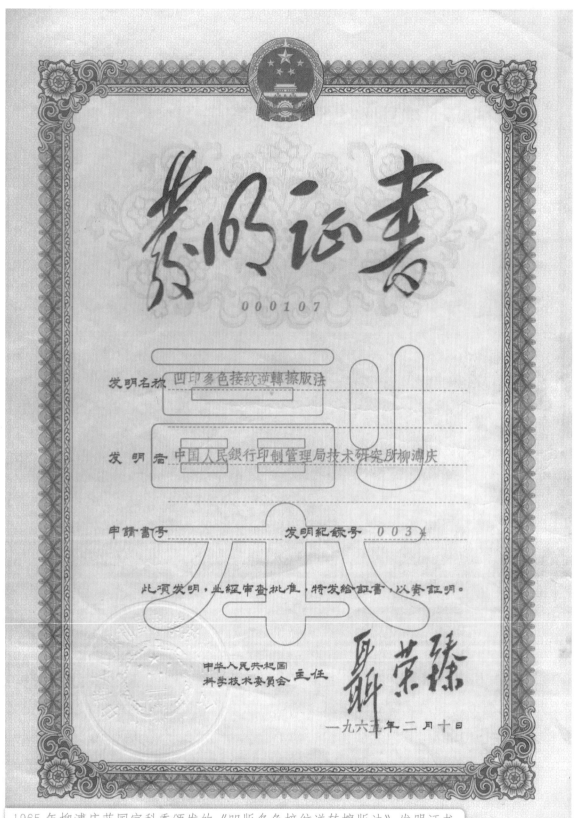

发明证书

000107

发明名称　凹印多色接纹逆转擦版法

发明者　中国人民银行印制管理局技术研究所柳溥庆

申请书号　　　　发明纪录号　0034

此项发明，业经审查批准，特发给证书，以资证明。

中华人民共和国
科学技术委员会　主任　聂荣臻

一九六五年二月十日

1965年柳溥庆获国家科委颁发的《凹版多色接纹逆转擦版法》发明证书

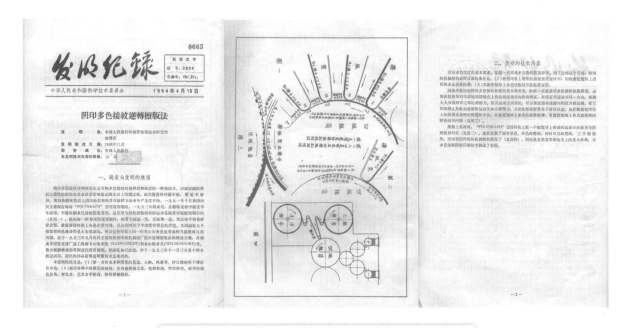

柳溥庆《凹版多色接纹逆转擦版法》的发明记录

杰出的贡献。

柳溥庆将一生全部奉献给了中国印刷事业，为中国培养了大量的技术人才，被誉为我国现代印刷的先驱、20世纪中国印刷和印钞业的泰斗、"印刷技术的活字典"。

别出心裁
——纸型铅版的使用

铅活字印刷术得以广泛使用，与纸型铅版的发明有着密切关系。我们的报纸之前都是采用铅活字排版印刷而成。然而，印刷工匠们并非是在 ·个排版好的铅活字版上一张一张的印刷，而是在利用铅活字版复制出的大量纸型版上进行印刷。因此，纸型铅版又被称为复制版，它的出现标志着近代凸版印刷发展到了一个新的阶段。

纸型版

我们知道，活字印刷术比雕版印刷术要便利很多，然而它在中国古代并未得到推广，一方面在于活字要排完版之后进行印刷，用得越久，活字越少。另一方面，印完之后若需要再次印刷，又得重新排版，十分不便。这些问题使得传统的活字印刷难以取代雕版印刷而为社会更为广泛地使用。针对活字印刷存在的这些问题，英国人士坦荷卜发明了泥版浇铸铅版复制术。他先在排好的铅活字版上压制出泥型，然后用泥型浇铸成铅版，用铅版来印刷，之前排版好的铅活字版可以随时拆版，此种方法既方便又经济快速。然而，泥版浇铸铅版的方法仍存在不少问题。泥版一经浇铸铅版，十分易碎，无法保存。浇铸出的铅版一旦损坏，亦无法再行使用。如果要重印，就需要重新排版。针对这些问题，法国人谢罗发明了纸型浇铸铅版。纸型铅版轻便，而且易于保存，一副纸型可以浇铸铅版十余次，为书刊尤其是报纸的印刷与发行创造了良好的条件。清末和民国时期的报纸基本上都是用纸型铅版印刷的。

考试试卷的故事
——誊写版

从古至今，所有的学生都得面临相同的一件事，那就是考试。考试形式或许有差异，但都离不开一张试卷。如今的考试试卷洁白又干净，但对几十年前的学生而言，让他们难忘的不仅仅是考试题目，还有试卷上那股让人难以忘怀的油墨味，以及做完试卷后那一手的油墨印。

那时候，要出一套试卷，老师出题后，还要着手印制试卷。每个学校都有一台油印机，加上一支笔、一块刻版和一张蜡纸，这就是刻印试卷的所有工具。首先将刻版平铺于桌子上，铺上蜡纸，将出好的试题用专用的刻笔写在蜡纸上，用力不能太轻，要不然印出来的试卷就会模糊不清，但也不能用力太重，否则会将蜡纸戳破，印出来的试卷上便会有一个黑色疤点。刻完版之后，便开始印刷，推动墨滚，翻拉成品，一张带着油墨香的试卷就完成了。

油印的学名叫作誊写版印刷，是一种简便且成本低的印刷方法，在19世纪末期，传入中国。最先用这种技术印刷的书籍，是孙师郑的《四朝诗史》。在抗日战争期间，革命根据地缺少铅印，油印便成为文字宣传的重要方法。

中华人民共和国成立后，油印几乎普及到社会的各个方面，机关、学校、部队、企事业单位、社会团体等，差不多都用手工刻写蜡纸誊写版油印。

"一统天下"的平版印刷

平版印刷是由早期石版印刷发展而命名的。不同于活字印刷与雕版印刷中文字是凸出于版面的，平版印刷中图文部分与非图文部分几乎处于同一个平面上。在印刷前，非图文部分供水，从而保护了印版的非图文部分不受油墨的浸湿。油墨只能供到印版的图文部分。前面讲到的《红楼梦》香烟画就是用平版印刷的。除此之外，那些随处可见的广告宣传画、电影海报，再到富丽堂皇的巨型画册，乃至家家户户都有的挂历，都是采用平版印刷技术印刷而成的。平版印刷用于书籍印刷，主要是通过照相的方式将稿子拍下来，然后缩小，做成"小人书"。20世纪的书籍出版，在1980年之前，除了画报、画册、"小人书"等用平版印刷以外，一般的文字图书印刷几乎都是采用铅活字凸版印刷。

如今的书籍印刷主要采用平版印刷，铅活字印刷几乎消失殆尽，印刷厂几乎不再使用这种技术，很多年轻人几乎没有见到过铅活字。铅活字印刷在短短的30年时间里消失得如此之快，是有许多原因的。

铅有毒，无人愿意长时间与其打交道。然而，为了印刷报纸和书刊，印刷工人们使用此种技术长达100多年。铅活字笨重落后，铸字、捡字、存字都十分麻烦，而且铅版印刷的装版时间长，捡字的工人每天手扛着笨重的铅活字在排字架之间来回走动，

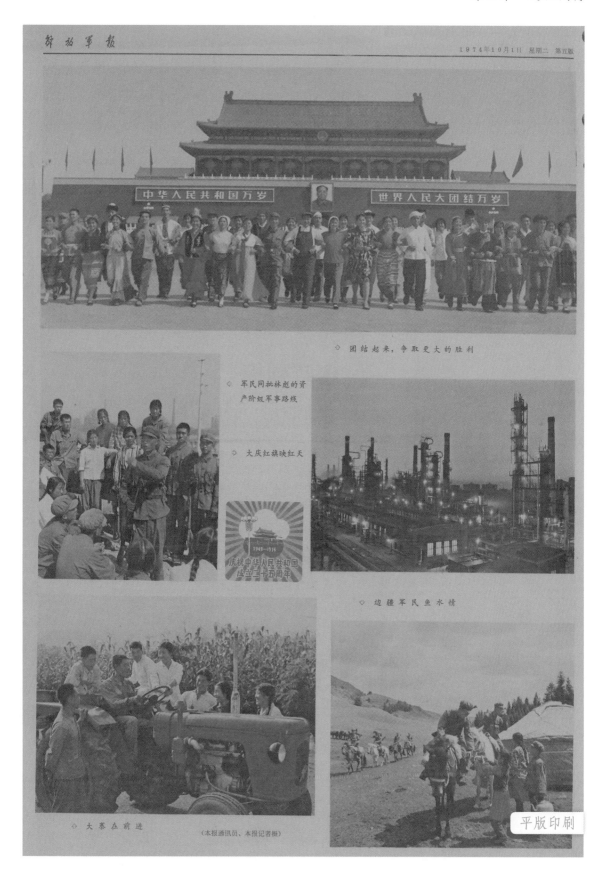

因此不少人都有肌肉损伤的问题。

20世纪60年代初，上海劳动仪表厂开始生产手动式照相排字机，由于生产数量比较少，当时只是在地图测绘部门使用，在书刊排版方面还没有形成生产力。20世纪80年代以来，照相排字技术逐步得到运用，取代了铅活字排版，成为了文字排版的最主要方式。工人无需再浇铸铅活字，无需在铅活字架前来回奔波，更无需为转移铅活字版时担惊受怕。平版印刷的造价和工作效率都比其他印刷方式要好，它与照相排版技术的结合更是直接冲击了传统的铅活字凸版印刷，成为了当前印刷书籍的主要方式。

由竖到横
——文字排版形式的变化

1955年1月1日《光明日报》发表的《为本报改成横排告读者》

如果来到中国印刷博物馆参观，你仔细观察也许会有这样的体会：在古代馆所看到的经卷、书籍，文字的排列方式均为从右至左的竖排，转到近现代馆再看便会发现，既有横排也有竖排的混排现象，而后的文字逐渐由竖排转为横排。

那么，中国的文字排列是如何从竖排慢慢演变成横排的呢？接下来，我们就来探究一下文字排列的演变过程。中国古代的文字排列为何是从右至左竖列，从中国古代早期的书写载体——竹简可以看出端倪。竹简呈细条状，是竖向而立，由上而下排列书写。

这个延习了近千年的书写习惯，随着西学东渐、国门的打开而有了改变，新思潮的

SCIENCE

科學

本 期 要 目

心理學與物質科學之區別
說中國無科學之原因
水力與汽力及其比較
中美農業異同論
生物學概論

民國四年正月

科學社發行

第一卷　第一期　　　每冊二角五分

● 延伸阅读

　　首次提出将书籍横版排的是人民出版社第一副社长叶籁士，他早在1937年主编《语文》月刊时就已经采用横版排版。刚开始，他的建议遭到了有关部门和著作界的强烈反对，认为这并不符合自古以来的中文阅读习惯，但叶籁士执着推行，并且在胡愈之、叶圣陶等出版总署领导和专家的赞同和支持下，报请中央批准后，在人民出版社试印横版书，并很快在全国推广普及。

冲击让国人发现英文书写形式与中文书写形式有很大区别，采用的是从左到右的横排，在后来的学习过程中，人们发现竖版排列对于英文的书写很不方便。中西文化的碰撞使当时中国的文化界出现了不同的声音，甚至有人提出废除汉字的意见。1915年新创刊的《科学》杂志成为第一个采用从左到右的横排方式，在创刊词里这样写道："本杂志印法，旁行上左，并用西文句读点之，以便插写物理化学诸程序，非故生好奇，读者谅之。"基本意思就是，他们采用横排，并非因为好奇，而是因为这种排版方式便于插写一些物理、化学等公式和程序。以此可以看出，横排已经慢慢开始渗透到当时中国文字排列方式中去。

　　1950年6月，在全国政协一届二次会议上，爱国华侨陈嘉庚正式提出中文书写应该由左向右横写的提案。当时人民出版社的第一副社长叶籁士不遗余力地推广横排格式，使得1955年1月1日的《光明日报》成为第一份横排的报纸，并刊登了《为本报改为横版告读者》。随后，很多报纸纷纷效仿，《人民日报》于1956年1月1日也改为横版，至此全国响应。

印刷机械的中国制造

上海生产的轮转机

来到中国印刷博物馆的机械展厅，你会发现中国近现代早期的印刷机械都是引进自国外。那么，何时我国才开始创造国产印刷机械的呢？这就要追溯到北京人民机器厂，从仿制国外印刷机到自主创新，是其重要发展过程。中国人具有自主创造性的一台印刷机器是铅字印刷机，当时是仿照国外的铅印机来做的，但是国外的铅印机是双面的，很笨重，而且造价比较高，所以当时青年印刷厂厂长杨树斌建议将双面改为单面。当时制造了100台左右，在激光照排胶印没有成功之前，这种印刷机是印刷厂的"主要劳动力"。

激光照排问题解决后，我国需要从国外大量引进四色机，每台需要几百万乃至上千万的费用，因此中国急需制造属于自己的四色印刷机。20世纪80年代，北京人民机器厂开始试制四色胶印机，并于1986年制造出第一台我国自主生产的四色胶印机。

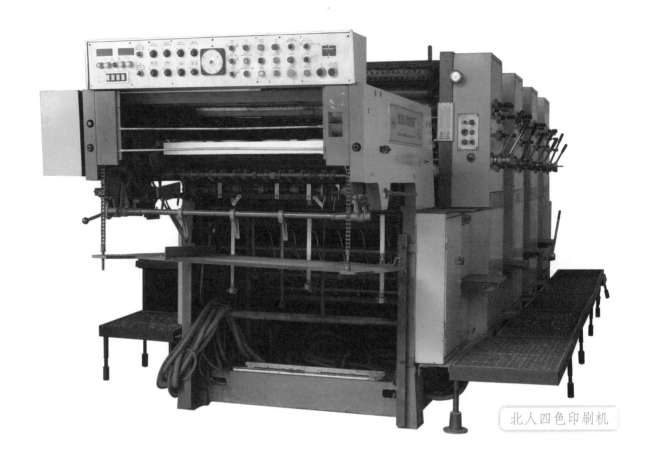

北人四色印刷机

中国印刷术的新纪元

——王选汉字信息处理技术

如果时间倒退到1978年以前，你会发现，那时的人们面临着一个巨大的困难，为此还差点用拼音代替汉字。到底是什么样的困难，让中国面临如此重大的抉择？

20世纪70年代，西方的计算机技术突飞猛进，然而在中国，除了各种客观条件的限制之外，还要解决一个重大的技术难关——汉字如何在计算机中实现高效输入与输出，也就是汉字信息处理技术。西方国家所使用的语言，一般只有几十个字母（英文为26个字母），字形简单，信息量较少，容易实现对文字信息的处理。而我国汉字字数多，印刷用的汉字字体也多，字号也不同。这不仅是中国人头疼的问题，日本、韩国乃至全世界的研究

748 工程全电子式汉字精密照排系统方案说明蓝皮书

人员都想攻克这个难题，但均以失败告终。

1974年8月，在周恩来总理的关怀下，我国开展了一项以"汉字信息处理技术"为课题的748工程科研项目。1975年，当时38岁的王选接受了这项科研项目三项子项目之一的汉字精密照排工作。

王选及其团队毅然跨越当时日本流行的光机式二代机和欧美流行的阴极射线管式三代机，直接瞄准国际先进的四代机——激光照排系统进行攻关研制。汉字信息的存储，是他们面临的第一个问题。最初，王选希望通过点阵的方式来记录汉字字形信息，但研究发现汉字字形的信息量高达上千亿字节，他被惊呆了。这时，王选的数学

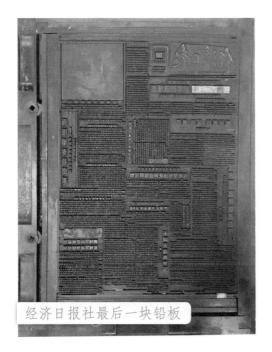

经济日报社最后一块铅板

背景发挥了重要作用，他很快想到了用轮廓加参数的数学方法来描述汉字字形。经过与妻子陈堃銶教授的不断统计和计算，他终于通过软件在计算机中模拟出"人"字的第一撇，这是汉字信息处理技术的重大突破。随后，他又攻克了汉字压缩信息的高速还原和输出方案，打开了用计算机进行汉字信息处理的大门，先后获得了欧洲专利和8项中国专利。1978年，北京大学、潍坊华光和杭州传真机厂共同研制出第一套样机，在新华社排印内部稿件边使用边改进，到1987年终于在经济日报社投入正常生产。

《经济日报》

繁华精妙

——荣宝斋

一日，著名书画家齐白石被请去辨别两幅画作，被告知其中一幅为他的真迹。老人打量了很久，终究摇着头无奈地说道："这个我真看不出来……"这幅让齐老无法辨识的画作究竟是谁临摹的呢？

齐老无法辨识的画作其实是荣宝斋制作的一幅木版水印画作。荣宝斋是驰名中外的中华老字号，创立于17世纪，起先是一间卖宣纸和书画的店铺，后来因从事饾

荣宝斋

版印刷而享誉中外。以往的饾版印刷，是以饾版和拱花并称的，中华人民共和国成立后，荣宝斋赋予饾版印刷新的名字——木版水印。而荣宝斋最杰出的印刷品代表当属被后世公认的木版水印巅峰之作——《韩熙载夜宴图》。这幅画的刻版共1667套，每幅画需印刷8000多次，只复制了35幅，共计印刷高达30万次。这35幅《韩熙载夜宴图》印制完成后，直接被故宫博物院定为"次真品"，意指它的珍贵程度仅次于真品。

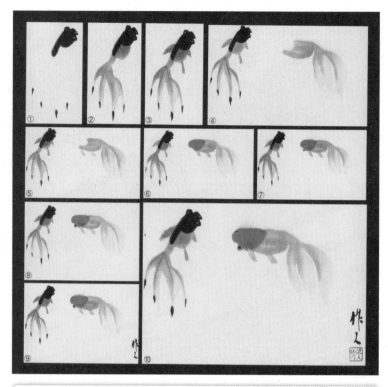

以吴作人先生所作的金鱼为例，复制作品便是以十套版依次印制而成。

荣宝斋创作的木版水印画作《百花齐放》

荣宝斋的木版水印技艺于2006年入选"国家非物质文化遗产名录"，是传统书画复原技术和雕版套印技术的杰出代表，具有多方面的科学价值与文化价值。

家国情怀
——中国印刷博物馆的创建故事

　　中国是印刷术的发明国，然而，在很长一段时间里，中国却没有一座印刷专业博物馆。筹建一座印刷博物馆，弘扬我们灿烂而又辉煌的印刷文化，铭记先贤功绩，成为许多中国人的梦想。1992年，75岁高龄的范慕韩先生挑起了筹建中国印刷博物馆的重担。然而，要想建成一座博物馆是十分不容易的，涉及大量的人力和物力资源。当时，建设中国印刷博物馆缺钱缺物，范慕韩先生不顾年老体弱，忍着病痛，拄着拐杖，到处筹款。筹到的每一分钱，他都账目公开，精打细算，开会清茶一杯，吃饭不备酒水，严格执行伙食标准。因筹建博物馆过度劳累，范老先生几度病重。从1992年接手博物馆筹建工作，到1996年年初，范老先生因工作劳累，消瘦了近40斤。在1996年6月1日博物馆开馆前13天，过于劳累的范老先生离开了人世。

中国印刷博物馆建馆纪念碑

雕板与活字印刷术之发明为中华民族对人类文明之伟大贡献，为弘扬民族文化，振兴印刷工业，中国印刷博物馆筹备委员会仰仗有关部门支持与新闻出版署领导，得到我国政府资助，并由海峡两岸香港、澳门有关机构及热心人士之捐助，历时四年有余，在北京大兴县建成中国印刷博物馆，使数代印刷界人士对此事业之夙愿终得实现。落成之际，江泽民主席与李鹏总理分别赐书馆名及题辞，海内外社团、企事业单位，知名人士亦以不同方式给予襄助，期望本馆能再现中国印刷术发明及印刷工业发展之历程，并以民族自信心凝聚海内外炎黄子孙，追美前贤，启迪后昆，再创辉煌。中国印刷博物馆之建成是海内外八百余单位及万余热心人士群策群力之结果，至一九九六年四月止，共收到赞助款折合人民币超过贰仟万元。国内外有近百家单位及五十余人捐赠有关实物数千件，其中颇多珍品，使陈列收藏得以丰富。博物馆之建设与充实为一长期过程，尚待各界人士赓续支持，以臻完善，为表谢忱，特建此碑，徽志鸿名，以彰盛举，为后有相助者，亦将依式续镌，以垂久远。

一九九六年六月一日中国印刷博物馆立

长白启功书

启功为中国印刷博物馆题写的功德碑

中国印刷博物馆展厅

　　在范慕韩先生认真工作的影响下，印刷行业及相关业界拧成一股绳，为印刷博物馆的筹建慷慨解囊，共襄盛举。专家学者无私捐献文献，提供资料。为了帮助博物馆筹款，1994年5月1号，香港印刷业界举行"五一步行活动"，一群老人带头组织上街宣传博物馆的筹建工作，呼吁香港同胞捐资捐物。一些印刷企业得知中国印刷博物馆要成立，将以前低价处理的印刷机械又以高价买回，送到中国印刷博物馆。

　　印刷术作为中华文化的象征，印刷博物馆的建立承载着太多印刷人的梦想与期望，承载着太多海外华侨的牵挂与梦想。众人慷慨解囊，踊跃捐赠，一起铸造起这座弘扬中华文化、赓续先人创造精神的文化殿堂。在缺资缺物的条件下，老一辈的同志们仍成功地将中国印刷博物馆建设成为当前世界上规模最大的印刷专业博物馆。如今，中国印刷博物馆已经22岁了，这株幼小的树苗在众人的呵护下逐渐成长，新一代的博物馆工作者正努力地做好工作，为弘扬中华优秀印刷文化贡献自己的力量。

历史的见证
——近现代印刷机械

中国印刷博物馆有一个展厅，名为印刷机械馆。厅如其名，进入展厅，你就会被琳琅满目的印刷机械惊叹到。这里存放的都是印刷厂更新换代后"退休"下来的机器，从功能上可以分为文字排版设备、图像制版设备、印刷机械设备、印后加工设备。它们是印刷发展历史的见证者。

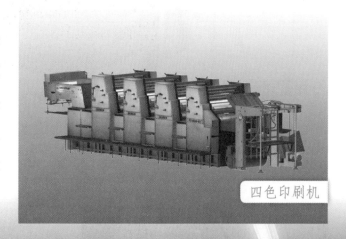
四色印刷机

地下机械展厅

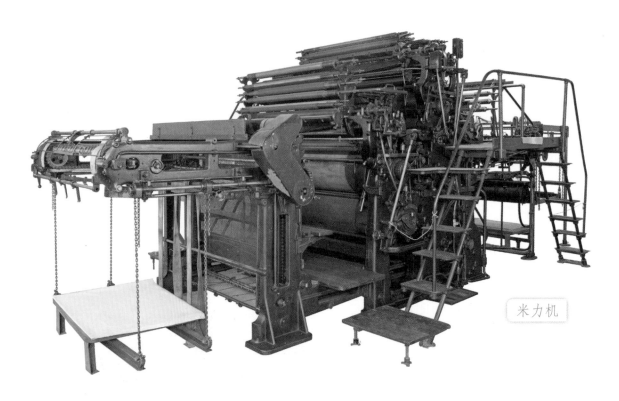

米力机

打字机

照排机

在你的想象里，一台巨大的印刷机能有多大？在展厅里，最大最重的机器重达几十吨，是一台美国制造的米力机，由上海烟草集团捐献。放眼全世界，这种机器只有这一台了，其他的那些早在工业时期就被拿去熔铁再利用了。

不知道你有没有见过这样一种火车票，一

卡片式火车票

张小小的长方形硬纸板，承载着整个旅程的所有信息。这就是在电子售票机和自动售票机的出现之前，我们一直使用的卡片式火车票。中国印刷博物馆内展出的卡片式火车票印刷机由铁道印刷厂捐赠，是印刷卡片式火车票的专业机器，为凸版印刷。

火车票印刷机

东方书籍的魅力

印刷术是一门技术，也是一门艺术。书籍是印刷术一展风采的最佳载体。如今，传统的纸本书籍在阅读中所占的比重逐年降低，电子书在我们生活中占据了越来越重要的地位。我们不禁要问，几百年后、几千年后，我们的书会是什么模样？

从2003年起，我国组织了"中国最美的书"评选活动，每年评出20本精美图书，以展现中国传统图书制作技艺，彰显东方文化魅力。而这些精美的图书也将代表中国去参与"世界最美的书"的评选。"世界最美的书"评选活动由德国图书艺术基金会、德国国家图书馆和莱比锡市政府联合举办，每年在莱比锡举办一次，是当今世界图书装帧设计界的最高荣誉，反映世界书籍艺术的最高水平。

随着时代的发展，精品书籍印刷不断朝着艺术之路发展，将现代印刷技术与中国

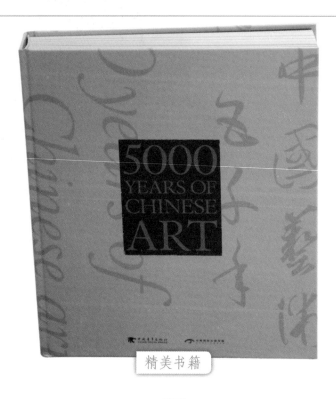

精美书籍

传统书籍装帧艺术结合，展示传统文化之美，又突出现代印刷的细腻与精致，这或许就是我们未来纸质书籍的模样。

精美书籍

森林里的魔幻印刷
——绿色印刷

在中国印刷博物馆，有一处地方特别受小朋友欢迎，那里的桌椅板凳都是纸质的。更为神奇的是，那里的图书与我们平时阅读的书籍不一样，它们是采用最新的绿色环保油墨印刷的。在那里，你可以真正地接触到"纯天然绿色无污染"的书籍。

那么，绿色印刷是什么呢？绿色印刷是指采用环保材料和工艺，印刷过程中产生污染少，节约资源和能源，印刷品废弃后易于回收再利用，可自然降解，对生态环境影响小的印刷方式。健康有益，环境友好，科技创新，是绿色印刷的主要优点。

印刷业与我们的日常生活紧密相连，我们每个人每天都要接触大量的印刷产品，如书籍、包装、服装、玩具、户外广告等，可以说，绿色印刷是关乎全体人民身体健康的大事。

中国印刷博物馆"森林里的魔幻印刷"——绿色印刷展厅

中国印刷博物馆于2014年12月成为国家绿色印刷交流展示基地，设立了绿色印刷成果展，真实地记录了绿色印刷的整个过程，有文字知识的科普，有实物展品的展示，有参与其中的游戏。在这里，你可以了解绿色印刷的印制过程，可以看到如何用油墨来养鱼，可以在魔法游戏中过关斩将……

3D 打印技术

在2012年的《十二生肖》电影中，主人公进入故宫快速复制出十二生肖兽首的场景，让3D打印技术进入了普通大众的视线。2013年，一篇名为《3D打印"气管"成功拯救男婴生命》的新闻让人惊叹。2017年在央视的《开讲啦》节目中，孙聪院士讲到3D打印能够一步解决飞机上价值5亿的20千克钛合金型材。现如今，3D打印技术已经被运用到了社会生活的各个领域！

让我们先来了解一下3D打印技术的原理。3D打印也是通过打印机来操作的，与我们日常所用的普通打印机工作原理基本相同，只不过，普通打印机的打印材料是墨水和纸张，而3D打印机内装有金属、陶瓷、塑料、砂等不同的打印材料，通过电脑控制，将打印材料一层层叠加起来，最终把计算机上的数字模型文件变成实物。

3D打印的毕昇像

看到这里，你一定好奇3D打印技术还能打出什么东西来。那么，我们接下来就来讲一讲，3D打印技术都能打印哪些东西。用3D打印技术打印钥匙链、手机壳、相框这些生活用品已经非常普遍，打印衣服、鞋子、食品、汽车、房屋、各种机械零件也已然不在话下。最值得欣慰的是，3D打印技术目前已经渗透到医学界，能够为人类提供所需的骨骼乃至器官，如头盖骨、胸腔、心脏、假肢、血管等，其中我国首创的3D生物血管打印机能打印出血管独有的中空结构、多层不同种类细胞，这是世界首创。目前，3D打印技术已经涉及航天、医学、汽车、电子、食品等领域。

3D打印技术已经渗透到人们生活的方方面面，也许许多人在日常生活中还感知不到，但这项技术早已经在潜移默化中改变着人们的生活方式。

The Guide Weekly.

嚮導

週報

分售處

○上海大馬路
○上海二馬沙
十州北京出版
八昌興圖都會
○立壽○馬社

嚮導週報（第一期）

價
（增刊不另加價）

號三里發蘭路浜肇門西老海上　所行發總　版出三期星

為和平的反面就是戰亂，全國因連年戰亂的緣故，學生不能求學，工人農民感受物價昂貴及失業的痛苦，兵士無故喪失了無數的性命，製造品的銷路，商人不能安心做買賣，所以大家都要和平。

為什麼要統一？因為在軍閥割據互爭地盤互爭雄長互相猜忌的現狀之下，戰亂是必不能免的，只有將軍權統一政權統一，構成一個力量能夠統一全國的中央政府，然後國內和平才能夠實現，所以大家都要統一。

我們敢說：為了要和平要統一而推倒為和平統一障礙的軍閥，乃是中國最大多數人的真正民意。

近代民主政治，若不建設在最大多數人的真正民意之上，是沒有不崩壞的。

所謂近代政治，即民主政治立憲政治，是怎樣發生的呢？他的精髓是什麼呢？老老實實的簡單說來，只是市民對於國家所要的言論，集會，結社，出版，宗教信仰，這幾項自由權利，所以有人說，憲法就是國家給予人民權利的證書，所謂權利，最重要的就是這幾項自由。

世界各種民族，一到了產業發達人口集中都市，立刻便需要這幾項自由，也就立刻發生民主立憲的運動，這是政治進化的自然律，任何民族任何國家可以說沒有一個例外。

產業也開始發達了，人口也漸漸集中到都市了，因此，至少在沿江沿海沿鐵路交通便利的市民，若工人，若學生，若新聞記者，若著作家，若工商業家，若政黨，對於言論，集會，結社出版，宗教信仰，這幾項自由權利，這幾項自由。

十餘年來的中國，國家若不給人民以這幾項自由，人民必須以革命的手段取得之，因為這幾項自由是我們的自由，不但在事實上為我們一般國民尤其是全國市民所發生立憲的運動，這幾項自由，已經是生活必需品，不是奢侈品了。

可是現在的狀況，我們的自由，不但在事實上為軍閥剝奪淨盡，而且在法律上為袁世凱私造的治安警察條例所束縛，所以我們一般國民尤其是全國市民，對於這幾項生活必需的自由，斷然要有誓死必爭的決心。「不自由毋寧死」這句話，只有感

覺到這幾項自由的確是生活必需品才有意義。

現在的中國，軍閥的內亂固然是和平統一與自由之最大的障礙，而國際帝國主義的外患，在政治上任經濟上，更是箝制我們中華民族不能自由發展的惡魔。

北京東交民巷公使團簡直是中國之太上政府；中央政府之大部分財政權不操諸財政總長之手，而操諸客卿總稅務司之手；領導

一

中国的印刷史，如同一条绵延不绝的大河，幽远深厚，多姿多彩。在这条历史长河中，除了悠久的雕版印刷术、活字印刷术等传统印刷文化之外，在党和人民伟大斗争中孕育的红色印刷文化也是珍贵的印刷出版文化遗产。在领导中国革命走向胜利的历程中，中国共产党结合不同的历史现实，因时应势，因地制宜，开展了形式多样的印刷出版工作，记录下了那些为凝聚力量、团结人心、振作士气、引导舆论作出贡献的人物、事迹、见证物。这些"红人""红事"和"红物"，组成了一首可歌可泣的红色印刷诗篇。

错版"红色中华第一书"

又新印刷所印刷的最早中文译本《共产党宣言》

《共产党宣言》是国际共产主义运动的第一个纲领性文献，是马克思主义诞生的重要标志。1848年2月，《共产党宣言》的德文本在伦敦正式出版。之后，世界各地陆续出版了不同语种的《共产党宣言》，但《共产党宣言》的中文版本在1920年才得以出版。

1920年春天，著名学者陈望道回到家乡义乌开始对照日文本和英文本翻译《共产党宣言》。为了保密，陈望道没有在透亮宽敞的书房中进行翻译工作，而是在庭院一隅堆满杂物、落满灰尘的柴棚之中。日复一日，陈望道在柴棚中全身心地投入翻译工作之中，沉浸在共产主义和无产阶级的高声呐喊之中。有一次，母亲给他送去糯米粽子外加一碟红糖充饥时，他竟拿着粽子，蘸着红糖碟旁边的墨汁吃得津津有味，而浑然不知。母亲在屋外喊道："红糖够不够，还要不要添加些？"他竟然回答："够甜，够甜了！"母亲进来收拾碗筷，却发现陈望道的嘴角满是墨汁，红糖一点儿没动。母子二人相视大笑。

陈望道将《共产党宣言》译成之后，准备在《星期评论》上连载。但此时，这本刊物引起了租界当局的不满，被迫停刊。《共产党宣言》译本的刊发工作也被迫搁置。8月，上海共产主义小组诞生。小组诞生后的第一件事就是要宣传共产主义，印行

又新印刷所印刷的最早中文译本《共产党宣言》

《共产党宣言》译本成了首要任务。1920年8月，"红色中华第一书"付梓，共计印行1000册。封面印着红底的马克思半身坐像，画像上方印有"社会主义研究小丛书第一种""马格斯、安格尔斯合著""陈望道译"等字样。翻开小册子，内页是用5号铅字竖版直排，无扉页及序言，亦不设目录，风格简洁。然而遗憾的是，书名被错印成《共党产宣言》，文中也有20余处讹字。毕竟这是又新印刷所开机印制的第一本书，出错也情有可原。这也是活字印刷最容易产生的错误。这一印错书名的版本，目前国内仅存7本。

《共产党宣言》中文首译本推出后，迅速在先进知识分子群体中掀起一股购买与阅读热潮，因而很快便告售罄。于是，同年9月又印了第二版，改正了首印本封面错印的书名，书名和马克思肖像也由红色改为蓝色。与首版相仿，第二版同样热销，以致许多读者致信《新青年》《民国日报》询问购书事宜。这个版本目前全国仅存11本。

又新印刷所

为了印刷出版中文版《共产党宣言》，陈独秀、陈望道与多方协商后，决定由共产国际代表维经斯基出资创办又新印刷所。印刷所在今天上海复兴中路221弄12号的一幢石库门里。陈独秀为印刷所取名又新印刷所，典出中国儒家经典《大学》第二章"苟日新，日日新，又日新"，意喻从勤于省身和动态的角度来强调及时反省和不断革新。又新印刷所承印的第一本书便是《共产党宣言》，所长为郑佩刚。

又新印刷所创办之后，印刷发行了一批宣传新思想的书籍，为中国共产党出版印刷人在编辑、管理、发行、印刷等方面都积累了工作经验。1915年，《新青年》杂志由陈独秀创刊于上海，成为那个时代的一座文化坐标，所倡导的文学革命，所开启的民主与科学的思想启蒙，彻底地改变了中国人的思维方式，推动着时代巨变的步伐。又新印刷所的广告刊载在《新青年》第八卷第一号正文的最后一页。广告颇有现代气息，活泼简洁：君有书报要托人印刷么？请速到"又新印刷所"去！取价公道；印刷精美；出货快捷，他的地址是：上海西门太平桥成裕里第七号。广告文字四周还采用了新式标点和特别符号，这在中文铅活字印刷早期并不常见。

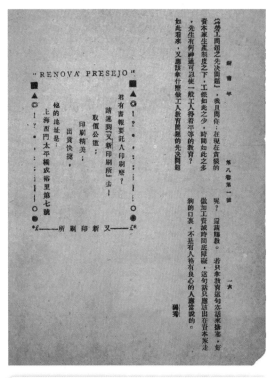

《新青年》第八卷第一号刊登的又新印刷所广告

中国第一家"出版社"

《新青年》杂志第九卷第五号刊登的
《人民出版社通告》

1921年，中国共产党第一次全国代表大会在上海和嘉兴召开。大会通过了中国共产党的第一个纲领和第一个决议，确定党的名称为中国共产党，选举出党的领导机构——中央局。中共一大通过的决议指出："一切书籍、日报、标语和传单的出版工作，均应受中央执行委员会或临时中央执行委员会的监督。"从这里，我们可以看到一大决议既是党的指导方针的起点，也是党的宣传出版工作方针的起源。为了系统地编译马克思主义著作，根据中央局的决定，时任中央局宣传主任的李达创办了人民出版社。我国近现代出版机构多称"书局""书社""印书馆"等。中国共产党创办人民出版社，第一次使用了"出版社"之名。《新青年》第九卷第五号刊登了《人民出版社通告》，宣布了它的宗旨和任务。通告说："近年来新主义新学说盛行，研究的人渐渐多了，本社同仁为供给此项要求起见，特刊行各种重要书籍，以资同志诸君之研究。本社出版品的性质，在指示新潮底趋向，测定潮势底迟速，一面为信仰不坚者祛除根本上的疑惑，一面和海内外同志图谋精神上的团结。各书或编或译，都经严加选择，内容务求确实，文章务求畅达，这一点同人相信必能满足读者底要求，特在这里慎重声明。"

1921年秋天以后，我国许多地方陆续出现了"广州人民出版社"出版的马克思主义著作和其他革命书籍。很少有人知道，实际上这些书都是在上海出版的。当时我国处于军阀统治和帝国主义侵略势力的控制之下，当政者把马克思主义视为"洪水猛兽"，公开出版马克思主义著作和其他革命书籍是不可能的。"广州人民出版社"是共产党早期的秘密出版机构，它在党内的正式名称为人民出版社。为了保护出版社的安全，标明的地址是"广州昌兴马路26号"，实际地址是上海南成都路辅德里625号（现在的上海成都北路7弄30号）。当时之所以将公开地址标为广州，原因是孙中山在广州就任大总统，重新建立了根据地，北洋军阀政府对它鞭长莫及，无可奈何。

人民出版社最初拟定了几套内容丰富的出版计划，准备推出马克思全书15种、列宁全书14种、康民尼斯特（共产主义）丛书11种、其他读物9种，但限于当时白色恐怖笼罩，加上条件限制，最终未能全部出齐。1923年秋，人民出版社与党的其他出版机构合并。人民出版社虽然独立存在仅两年左右，但作为党创办的第一个出版社，在配合党的宣传工作和向人民群众传播马克思主义方面作出了很大的贡献。

中华人民共和国诞生后，人民出版社重建，毛泽东亲笔题写了社名。人民出版社继承了革命年代的光荣传统，成为新时期党和国家重要的政治书籍出版社。

列宁著
墨耕译

劳農政府之成功與困難

廣州人民出版社印行

人民出版社出版的《劳农政府之成功与困难》

昙花一现的公开印刷所

中国共产党成立初期的印刷工作是由设在各大城市的秘密印刷所完成的。1924年，国共两党以"党内合作"的形式实现了第一次合作。中国共产党的出版印刷因为国共合作得以短暂地走向台前。北京昌华印刷局便是中国共产党最早建立的公开印刷所，创办于1925年，当月筹办，当月开工生产，创办人为李大钊、陈乔年等数人，地点在当时的广安门内大街广安西里8号，经理陈楚，厂长刘明，职工35人，设备有手摇铸字机、圆盘机、对开铅印机，以及铡刀和铅字、铜模等。昌华印刷局印刷了《政治生活》及传单等宣传材料，也翻印了上海出版的《向导》等读物。但是，国共合作的局面并没有真正维持多久。很快，中国共产党的宣传工作便引起国民党的敌视，印刷局不断遭到警察和密探的盘查。为安全起见，昌华印刷局便迁到北城的花枝胡同，并更名为明星印刷局。1926年"三一八惨案"发生之后，全厂工人撤往西北，昌华印刷局就此解散。

与北京的昌华印刷局相呼应，党中央在上海设立了国华印刷所，印刷《向导》《中国青年》《平民课本》及其他马列主义书籍和全国总工会的宣传品等。同北京一样，由于时局变化，另挂崇文堂印务局的招牌对外营业，而把国华印刷所作为崇文堂印务局的加工场。该印刷所配备对开印刷机、圆盘机、切纸机、铸字机等设备，使印刷质量和速度都得到了保证。一天，交通员在送校样途中遭到巡捕搜身，在慌忙中将校样丢弃。为安全起见，国华印刷所紧急转移至别处。

The Guide Weekly.

導　嚮

週報

定價
每份連郵費大洋三分
以後有增刊不另加價

分售處
長沙大學○海二廣文出北昌東八化版京圖興者都閩留立書○社○

每星期三出版　總發行所上海老西門北浜路發蘭里三號

嚮導週報（第一期）

本報宣言

現在最大多數中國人民所要的是什麼？我們敢說是要統一與和平。為什麼要和平？因為和平的反面就是戰亂，全國因連年戰亂的緣故，學生不能求學，工業家漸漸減少了製造品的銷路，商人不能安心做買賣，工人農民感受物價昂貴及失業的痛苦，兵士無故喪失了無數的性命，所以大家都要和平。為什麼要統一？因為在軍閥割據互爭地盤互爭雄長互相狂忌的現狀之下，戰亂是必不能免的，只有將軍權統一政權統一，構成一個力量能夠統一全國的中央政府，然後國內和平才能夠實現，所以大家都要統一。我們敢說：為了要和平要統一而推倒偽為和平統一障礙的軍閥，乃是中國最大多數人的真正民意。

近代民主政治，若不建設在最大多數人的真正民意之上，是沒有不崩壞的。

所謂近代政治，即民主政治立憲政治，是怎樣發生的呢？他的精髓是什麼呢？老老實實的簡單說來，只是市民對於國家所要的言論，集會，結社，出版，宗教信仰，這幾項自由權利，所以有人說，憲法就是國家給予人民權利的證書，所謂權利，最重要的就是這幾項自由。所以世界各種民族，一到了產業發達人口集中都市，立刻便需要這幾項自由，也就立刻發生民主立憲的運動，這是政治進化的自然律，任何民族任何國家可以說沒有一個例外。十餘年來的中國，產業也開始發達了，人口也漸漸集中到都市了，因此，至少在沿江沿海沿鐵路交通便利的市民，若工人，若學生，若新聞記者，若著作家，若工商業家，若政黨，對於言論，集會，結社出版，宗教信仰，這幾項自由，已經是生活必需品，不是奢侈品了。在共和名義之下，國家若不給人民以這幾項自由，依政治進化的自然律，人民必須以革命的手段取得之，因為這幾項自由是我們的生活必需品，不是可有可無的奢侈品。可是現在的狀況，我們的自由，不但在事實上為軍閥剝奪淨盡，而且在法律上為袁世凱私造的治安警察條例所束縛，所以我們一般國民尤其是全國市民，對於這幾項生活必需的自由，斷然要有誓死必爭的決心。『不自由毋寧死』這句話，只有感覺到這幾項自由的確是生活必需品才有意義。

現在的中國，軍閥的內亂固然是和平統一與自由之最大的障礙，而國際帝國主義的外患，在政治上仕經濟上，更是箝制我們中華民族不能自由發展的惡魔。北京東交民巷公使團簡直是中國之太上政府；中央政府之大部分財政權不操諸財政總長之手，而操諸客卿總稅務司之手，領海

1

"印刷厂老板"
——毛泽民

毛泽东的弟弟毛泽民也是中国共产党早期印刷出版工作的负责人之一。国共合作时期，上海书店是中共中央出版发行部公开的发行机构。在毛泽民到上海之前，上海书店由瞿秋白领导。1925年冬天，毛泽民被派往上海，担任中共中央出版发行部经理，主持上海书店和印刷厂工作。他化名杨杰，公开身份是印刷厂老板，负责印刷发行党的所有对外宣传刊物和内部文件。随着中共中央机关刊物和各种革命书籍的发行量逐渐增大，上海书店的印刷能力已无法满足需要，于是毛泽民在培德里建立起秘密印刷发行机构，专门负责党中央文件和内部刊物的印刷及发行。不久，他奉命赴汉口创办长江书店。从此，他频繁穿梭于沪鄂两地，千方百计调运印刷物资，打通发行渠道。他还在上海开设了大明印务局、瑞和印刷所。1927年，毛泽民在派克路秘密创立了协盛印刷所，这是当时党中央最大的秘密印刷机关。

1928年12月，协盛印刷所遭到敌人的破坏。安全起见，党中央决定调毛泽民去天津工作。1929年，毛泽民带领印刷所部分同志和机器悄然前往天津。毛泽民到天津后，把英租界广东道福安里4号（今唐山道47号）一所一院两厢的青砖楼房作为厂址，将印刷机器迅速安装起来。几天后，华新印刷公司在一片鞭炮声中开张了。毛泽民化名周韵华，公开身份为华新印刷公司的老板。

为了迷惑敌人，华新印刷公司的一层对外营业，承接的业务五花八门，有信纸、信封、卡片、表格、发票、税票、请柬、喜帖，还有戏院的演出广告、糖果包装纸等。二楼则是印刷党的报刊和读物的重地。来印刷公司联系业务的人，须先在柜房接洽，不能擅入车间。如有人发现形迹可疑的人，便按动办公桌下的电铃，向车间报警，在车间工作的同志们便迅速撤下正在印刷的文件，而改印《马太福音》之类的刊物。

清代在大致相当于今天河北与天津和北京两省一市的区域设立直隶省和顺天府，此后人们就用"顺直"来称呼这一地区。20世纪20年代，中国共产党曾于此建立顺直省委。中共顺直省委是中共中央在北方建立的第一个省级机构，其重要任务是贯彻党中央的决议，整顿党组织，恢复与各地党组织的联系，指导各地工作。

中共顺直省委在天津最繁华的劝业场附近（法租界24号路17号）开办了北方书店，作为华新印刷公司的秘密转运站。华新印刷公司印

毛泽民

出的书刊先送到这家书店，再由书店分发、邮寄出去。当时，中共顺直省委还在法租界五号路（今吉林路与营口道交口）一处砖木结构的临街门面房开办了一家名为华北商店的古玩店，负责同共产国际和党中央联系，接转党的文件和党的经费。时任中共顺直省委秘书长的柳直荀（化名刘克明）是古玩店的东家兼经理，当时中国共产党在津印制的文件多由柳直荀负责定稿，毛泽民常以打麻将牌作为掩护来店中开展工作。

由于组织严密、经验丰富，华新印刷公司在津的两年中，印刷了大量党的文件和刊物，一直未被敌人发现。

劫后重生的"斗士"
——手扳式印刷机

商务印书馆手扳式印刷机机身上的铜牌

中国印刷博物馆保藏着数十台老印刷机，其中最早的是1865年的手扳式印刷机。但有一台1929年的进口手扳式印刷机却被视为镇馆之宝之一。为什么这台机器成为了镇馆之宝？它的背后隐藏着怎样的故事？

其实乍一看，这台印刷机跟其他早期印刷机没有什么区别。仔细看，你才能发现它的确与众不同。机身上的"国难后修整"铜质铭牌标志着其独特的身份，它是中国人民浴血抗战的铁证，时刻提醒着后人勿忘国耻。

商务印书馆是创办于1897年的一家出版机构，至20世纪30年代初达到鼎盛时期，其印刷厂规模号称当时亚洲之最。张元济先生是我国近代著名的出版家、版本目录学家、教育家，学贯中西，博古通今。在他的主持下，商务印书馆以教育救国、出版救国为己任，出版的图书对开启民智、昌明教育以及社会的进步都起到了巨大的作用。

1932年1月28日，日本海军陆战队突然袭击上海闸北，"一·二八事变"爆发。次日上午，日军飞机轰炸商务印书馆，总管理处、编译所、四个印刷厂、仓库、尚公小学等皆中弹起火，全部焚毁。2月1日，日本人又潜入未被殃及的商务印书馆所属的东方图书馆纵火，其中珍藏的善本古籍化为灰烬。据统计，商务印书馆资产损失达1630万元以上，占总资产的80%。最令人痛惜的是，东方图书馆的全部藏书46万册，包括善本古籍3.5万多册，悉数被烧毁。

商务印书馆手扳式印刷机

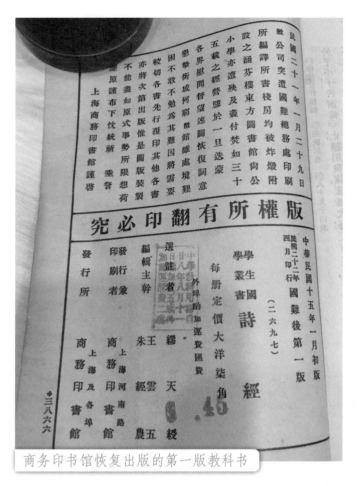

商务印书馆恢复出版的第一版教科书

然而，商务印书馆并没有如日军所希望的那样，"永远不能恢复"。员工陆续从被毁的灰烬中整理出约87万元的废旧物资。他们把在废墟中找出的机器修复，在租界内租屋开办小厂，逐渐恢复生产。中国印刷博物馆收藏的这台机器便是那次劫难后重生的"斗士"。半年之后，商务印书馆在上海各报刊登正式复业启事。

启事全文为："敝馆自维三十六年来对于吾国文化之促进，教育之发展，不无相当之贡献，若因此顿挫，则不特无以副全国人士属望之殷，亦且贻我中华民族一蹶不振之诮。敝馆既感国人策励之诚，又觉自身负责之重，爰于创巨痛深之下，决定于本年八月一日先恢复上海发行所之业务，俾敝馆于巨劫之后，早复旧观，得与吾国之文化教育同其猛进，则受赐者岂特敝馆而已，我族前途实利赖之。"这短短100多字的复业启事洋洋洒洒，既是对日本帝国主义侵略暴行的申讨，也是出版界捍卫我中华文化的宣言，是出版人在抗战时期发出的"中华最美声音"。商务印书馆复业那天，"为国难而牺牲，为文化而奋斗"的标语悬挂于河南路的发行所内，路人无不为之动容。随后，冠名"复兴版"的新教科书系列涌向全国。当时《纽约时报》评论商务印书馆："为苦难的中国提供书本，而非子弹。"

"战鼓擂手"
——市质印刷机

从1939年底开始，日军频繁地进攻边区，实行残酷的抢光、烧光、杀光的"三光政策"。在敌人不断的扫荡中，恶劣的战争环境要求工厂军事化、轻装化。于是，边区印刷厂工人就一直处于这样一种状态：背起枪当战士，搞侦察警戒；放下枪当工人，整理铅字，安装机器，出版报纸。

马背上的印刷机

马背上的印刷机

《晋察冀日报》

由于常用的铅印机重约一吨，移动起来很不方便。为了适应新的战争环境，从1941年正式开始，由牛步峰与孟广印、李宝等人负责改制轻便印刷机。他们最先根据铅印机的原理，找到一些废零件，把石印石头变成铅印盘，把石印上的盖去掉，加上大轴，用枣木做滚筒，用轧花机的大轮作为动力。1941年11月20日，由石印机改造而成的铅印机试制成功。这次改创的轻便铅印机重约250千克，另外加上必需物资，共需8匹骡子驮着才能游击办报。这便是中国共产党新闻史上"八匹骡子办报"佳话的由来。

后来，大家又进一步开动脑筋，想出了用木头使机器更轻便的办法。那是在只有几件简单工具如锉刀、锯条、手摇钻的条件下，根据铅印机的原理，自造木头零件。经过三次改造，至1943年夏，他们终于用枣木制成了木质轻便机，只有手提箱那么大，重量才30多千克，一匹骡子便可以驮走，也可以拆为7个大部件，最大的部件也不过5千克。中国印刷博物馆便收藏着这样一台凝聚了特殊时期工人们的战斗力和创造力的迷你印刷机，它是创造出了《晋察冀日报》"游击办报"的新闻奇迹的实践者，也是擂响晋察冀边区抗战战鼓的擂手。

工人们还开动脑筋，开展了一系列的发明创造。他们缩小铅字箱，把印刷字盘改为3000字的字盘，稿件字数限定在3000字内。工人们将铅活字字身改短，发明可开可合的折叠型铅字架，提高了印刷设备的便携性。一旦敌情紧张，每人背上一件就可爬山越岭，转移到安全的地方，只要借用老乡的一个饭桌，几分钟时间内即可开印。只要有24小时的连续印刷时间，就保证能印出一期铅印报。

"一个印刷厂抵得上一个师"

1937年7月1日，中央印刷厂在清凉山正式成立，并将7月1日定为厂庆日。该厂主要承印《新中华报》《解放周刊》《解放日报》《共产党人》等报纸杂志、马列著作、毛泽东著作，以及各种政治理论著作、文艺史地书籍、政令文件、干部读物、课本教材、救国公债券、粮票等，内设六个部——印刷部、机器部、排字部、装订部、铸字部、刻字部。中央印刷厂还拥有自己的厂歌，由中国革命音乐的先驱吕骥作曲、正义作词。

毛泽东等领导人的讲话以及中共中央的相关文件，多次对出版印刷发行的重要性和必要性予以突出强调。1937年5月1日，毛泽东在中央印刷厂俱乐部竣工庆祝晚会上说："印刷工作很重要，印刷厂生产精神食粮，办好一个印刷厂，抵得上一个师。"印刷厂的工人们也正是以实际行动响应着党中央和毛主席的号召。这首发表于《新中华报》上的小诗《我们》，作者以平，正是印刷厂工人们生活的真实写照。

我们

我排，
你印，
他装，
我们是后方的一支部队，
我们谁也少不了谁。
我从上海来，
你从江西来，
他生长在陕北……
我们不打架也不吵嘴，
像最亲爱的兄弟姊妹。
工作，
学习，
游戏，
生活紧紧地把我们结合在一起，
再溶化得像钢铁一样结实。

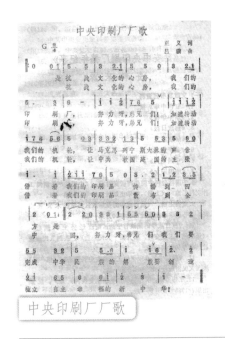

中央印刷厂厂歌

中央关于发展文化运动的指示
（一九四〇年九月十日）

1940年9月10日中共中央发布的《中央关于发展文化运动的指示》

　　1939年5月17日，中共中央颁布的《中共中央关于宣传教育工作的指示》中特别提到，从中央局起一直到省委、区党委，以至比较带有独立性的地委、中心县委止，均应出版地方报纸。党委与宣传部均应以编辑、出版、发行地方报纸为自己的中心任务。各中央局、中央分局、区党委、省委应用各种方法建立自己的印刷所（区党委与省委力求设立铅字机）以出版地方报纸，翻印中央党报及书籍小册子。1940年9月10日，中共中央在《中央关于发展文化运动的指示》中要求："每一较大的根据地上，应开办一个完全的印刷厂，已有印刷厂的要力求完善与扩充。要把一个印刷厂的建设看得比建设一万几万军队还重要。要注意组织报纸刊物书籍的发行工作，要有专门的运输机关与运输掩护部队，要把运输文化食粮看到比运输被服弹药还重要。" 1940年12月25日发布的《中共中央关于目前形势与党的政策的决定》中，又一次重申每个根据地都要建立印刷厂，出版书报、组织发行和输送的机关。

诞生于婚房的《大众日报》

《大众日报》创刊于1939年1月1日，是中国新闻史上连续出版时间最长的党报。在革命战争年代，先后有578位报社职工、160多位沂蒙好乡亲，为这份报纸牺牲了生命。

1938年5月21日，中共山东省委在泰安县上庄召开干部会议，确定在山东创建抗日根据地，并作出"创办一张全省性报纸，大力开展党的宣传工作"等几项重要决定。

报纸是印刷品，印刷就离不开印刷机。报社印刷机的购买、运输以及调试经历了一系列的困难。最终，印刷设备准备安顿在王庄东北七八里地的云头峪村。这个盛产

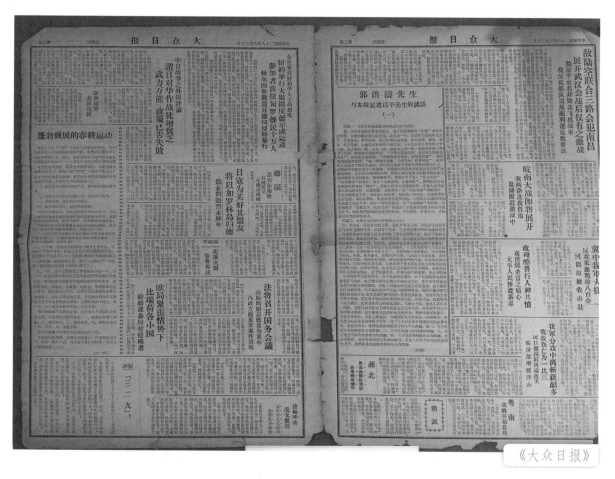

《大众日报》

樱桃的小山村，现在是《大众日报》创刊地纪念馆所在地。刚刚嫁到该村牛家，22岁的新媳妇刘茂菊一听是为了打鬼子，立刻就把她和丈夫居住的两间石头垒的草屋腾出来做印刷机房，夫妻俩则和公婆挤住在一起，这一挤就挤了30年。报社从济南和泰安又请来了一批技术工人，印刷所扩充到了30多人，"升格"为印刷厂。按照正规印刷厂的建制，设工务股、校对股和总务股。

印刷厂所用的脚蹬圆盘印刷机即使在当时来看，也是相当落后的。这种机器有点像缝纫机，脚蹬之力通过圆盘上的皮带传送纸张，每小时可以印几百份报。但就是凭这种最落后的机器，印刷厂创造了最辉煌的记录：截至1949年4月1日，《大众日报》连续出版2510期，当时期发量已达4万份。

1991年，大众日报社出资为老房东在印刷所旧址旁边盖了三间大瓦房。如今，在昏暗的小屋里，当年的印刷设备仍在，歌颂着鱼水情深的党群关系，记录下《大众日报》创刊的艰辛历程。

马兰纸传奇

在电子读物出现以前，纸张是文化生活的重要载体。陕北地区几乎没有造纸业，所以革命队伍进驻延安后主要依赖进口纸张。在纸张最困难时，有些单位用桦树皮记笔记、出墙报，甚至连医生开处方也用桦树皮。稍后在纸张资源可以调配的情况下，机关干部和学校工作人员按每人每月5张纸的标准供给。1937年，边区政府建设厅与会手工造纸的李双全合作，在甘谷驿开办了一家造纸作坊，用绳头和破布做原料，采用铁锅煮料、石碾槽碾浆、手工打浆、竹帘捞纸的传统手工造纸技术。1938年5月，在此基础上成立了振华造纸厂。

造纸厂先后试验过高粱秆、麦秸、糠秸、蒲草等植物来代替麻做造纸原料，但都

马兰草

失败了，只有用稻草、杨木为原料时获得了成功。但是，受边区自然条件限制，这两种原材料都不可能批量生产，必须寻找新的原材料。陕北荒原的沟壑里到处都有马兰草，尤其是在阴暗潮湿的地方，长满了一丛丛青绿色的、像韭菜似的扁长叶子、夹杂着几朵淡蓝色花朵的草。当地群众偶尔会用马兰草来搓草绳。于是，大家把目光转移到马兰草上。经过反复研究、试验，1939年11月，一种泛着隐隐绿意、手感稍嫌粗糙的马兰纸最终成型。1940年12月8日，《新中华报》用激动的语言报道："青年化学家（华寿俊）的尝试成功了，边区满山遍野的马兰草，却变成丰富的造纸原料，现在已用了十万斤马兰草造成二十万张纸印成各种书报刊物，边区的新闻事业，获得极大的

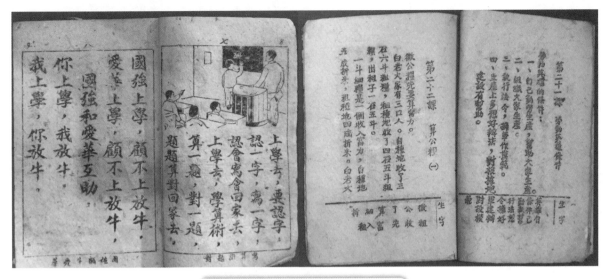

用马兰纸印刷的解放区教科书

帮助。"朱德在1942年视察南泥湾时创作了一首五言长诗《游南泥湾》，诗中颂道："农场牛羊肥，马兰造纸俏。"1944年5月，在延安边区职工代表大会上，华寿俊被授予"甲等劳动英雄"称号。

红色票证

由于敌人的军事围攻和经济封锁，根据地的经济、人民军队的给养和人民群众的生产生活面临着极大困难。各根据地采用油印、石印、铅印等各种方式，利用土纸、粗布等材料印刷发行了多种多样的票证。这些货币、粮票、餐票、柴草票、马料票等各种"红色票证"，就是当时特殊环境下采取的经济措施。这些票证的使用，改善了根据地的军民生活，尤其是打破了敌人的军事围攻和经济封锁，为巩固和发展根据地政权作出了重要贡献。

红色货币是中国共产党领导的红色政权发行的各种货币的统称，由各地苏维埃政

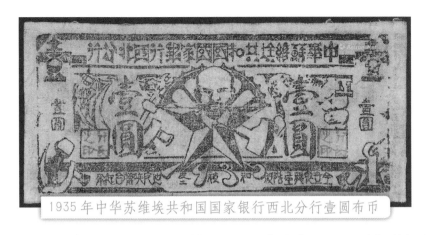

1935年中华苏维埃共和国国家银行西北分行壹圆布币

权、抗日根据地、解放区政府各个革命根据地发行，是革命时期中国红色政权的经济生命线，在中华民族货币史上写下了光辉的一页。由于物质条件限制，这些红色货币大都图案简单，印制粗糙，防伪性不强，但它们见证了波澜壮阔的新民主主义革命的历史。

诞生于抗日烽火中的红色股票，是中国共产党领导军民在与侵华日寇封锁、蚕食、扫荡的斗争中，用以现金、实物折价和劳力入股的方式发行的，是我国证券文化中最具革命特色的宝贵遗产。

在抗日战争中，如何使珍贵的粮食资源保障军队作战需要，是各级抗日政府的首要任务。粮食票证的印刷分发，在保护人民群众利益、协调党政军民关系、获取粮食保障军需等各个方面起到了重要作用。抗战时期的粮食票证有八路军及县政府借粮证，有根据地的兑米证、柴草票，有战时米票、复员米票等。这些票据方便军民就地取食，减轻了负担，利于政府核算、偿还。

财税票证是整个税收管理的重要组成部分。抗战时期，边区政府财税管理暂行规定，对粮食、布匹、牲畜、金银铜铁、五金类或军火器材、药品等绝对禁止出境，并鼓励入境免税，但对毒品之类采取各种举措绝对禁止入境。

"红色票证"如今成了收藏界的专门门类，并形成了一股收藏热。

1942年晋察冀边区石版印刷柴草票

中国共产党党章的印刷出版

在中国共产党的发展历程中，每届党的全国代表大会都会根据时代的变化和需要对党章进行修改。这一册册党章，不仅记录下我们党波澜壮阔的历史轨迹，背后还隐藏着鲜为人知的故事。1922年，党的二大制定了中国共产党的第一部党章，标志着中国共产党创立工作的完成。三大、四大都对党章条文进行了个别改动。1927年，党的五大没有修改党章，党章是大会闭幕后委托中共中央政治局修改通过的，这是唯一一部不是由党的代表大会修改的党章。六大通过的党章是唯一一部在境外通过的党章，其中特别强调共产国际的领导，比如在第一章规定"中国共产党为共产国际之一部分，命名为'中国共产党'，为共产国际支部"。

现存最早的独立成册、正式公开印刷发行的党章是七大通过的党章，为铅印，全部采用繁体字，内文为竖排。七大党章是中国共产党根据中国实际，独立自主制定的第一部党章，第一次把毛泽东思想作为指导思想写入总纲。七大党章标志着党在政治上和党的建设上的完全成熟。

1945年通过的七大党章，1950年由解放社印行

八大党章是中国共产党全面执政后的第一部党章，其中体现出中国共产党从革命党到执政党的重大历史转变，比如提出了全面开展社会主义建设的中心任务。社会主义"四个现代化"正是在此时写进党章的。

1969年的九大党章和1973年的十大党章是在"文革"时期错误思想指导下形成的党章。1977年，党的十一大制定的党章是转折时期的党章，十一大党章是一部既有积极作用又有严重缺陷的党章。

十二大党章是现行党章的蓝本，是党章发展史上继七大、八大党章之后又一个里程碑。之后，党章基本内容保持稳定，在党的生活中发挥着重要作用。把入党誓词正式写进党章，就是在十二大通过的党章里。

十三大到十九大，历次党章修改最突出的特点，就是把我们党实践创新、理论创新、制度创新的成果及时写进党章。

新华书店与中国出版

1937年4月24日，中共中央党报委员会在延安清凉山创建了新华书店。新华书店创建后，毛泽东曾多次到书店视察。1939年9月1日，新华书店门市部在延安凤凰山山麓的平房里正式开业。张闻天、朱德等中央领导同志，中宣部、边区政府的领导，各界代表前往祝贺。毛泽东得知新华书店在新的地点开业的消息后，高兴地挥毫题写了"新华书店"4个大字，并派秘书送到新华书店。

抗日战争胜利后，延安大批干部被调往东北和其他革命根据地，延安的党政机关精简机构。中央出版局和中宣部合并，下设发行科，由许元祯任科长，张仲宪任副科长，对外联系工作和开展活动使用新华书店总店的名义。在重庆谈判后，为了迎接全国可能出现的和平局面，以适应新形势的需要，许元祯请毛泽东为新华书店总店题写店牌。毛

1950年新华书店总店管理处编印的《全国新华书店出版工作会议专辑》

泽东欣然挥笔，题写了"新华书店总店"6个大字。

毛泽东对出版发行工作岗位上的同志们寄予无限希望，在西柏坡，他第三次为新华书店题写店牌，交由中宣部出版组长华应申派人送到人民解放军平津前线有关部门。中华人民共和国成立后，北京及全国各地迅速建立了大批的新华书店，其店牌都是以毛泽东第三次题写的"新华书店"为准，直至现在。

1949年2月，中共中央宣传部出版委员会成立。1949年10月3日，中共中央宣传部在北京召开第一届全国新华书店出版工作会议，全国各地出版、印刷、发行的主要负责人出席了会议。由于这是中华人民共和国成立后第一次规模较大的重要出版工作会议，新华书店总编辑胡愈之致开幕词并做了报告，中共中央宣传部长陆定一致闭幕词。毛泽东、朱德等领导同志出席会议并讲话。这一会议充分体现了党中央和中央人民政府对出版事业的重视，对新华书店工作的关注。毛泽东为此亲笔题词："认真作好出版工作。"

1949年11月，中央人民政府出版总署成立。1950年9月15日，在即将迎来中华人民共和国成立一周年的时候，出版总署在北京召开了第一届全国出版会议，会议历时11天，这在中国出版史上是空前的、史无前例的。来自全国各地的300多位代表在北京相聚，不但有出版业的代表，也有印刷业、发行业和杂志界的代表，包括公营、私营、公私合营各个方面。后来，新华书店总管理处于1950年11月一分为三：原新华书店总管理处的出版部与出版总署编审局的部分业务机构合组成人民出版社；新华书店总管理处的

厂务部改组成新华印刷厂总管理处，管理北京、天津两地的印刷厂；新华书店总管理处发行部及其他部门改组为新华书店总店，统一管理全国新华书店，专营书刊发行工作。此后，新华书店成为中国国有图书发行企业，发行网点遍及全国城镇。

《第一届全国出版会议纪念册》

"中华第一股"
——飞乐股票

1984年，上海飞乐音响股份有限公司向社会公众及职工发行股票，这是象征市场经济的第一只股票，被誉为"中华第一股"。1986年11月14日，邓小平在会见美国纽约证券交易所董事长约翰·范尔霖时，将一张面值50元的上海飞乐音响股票作为礼物回赠，国际社会发出了"中国与股市握手"的惊叹。飞乐股票因此有了"中国改革开放第一股"之称。由于发行股票是一件新鲜事，许多工作都是从无到有摸索出来的。

飞乐股票

这支股票的印刷任务最终落在了上海印钞厂。但是在印刷设计股票时，由于当时谁都不知道股票的样子，只能费尽周折，找来公私合营时期南洋兄弟烟草股份有限公司的股票，几乎没有更改，缩小地翻制成飞乐音响的股票，由上海印钞厂印制了一万张。

在邓小平会见范尔霖之后，因为那张"小飞乐"股票，还发生了一个非常有趣的后续故事，成为中国证券市场30年发展史中一个著名的花絮。当年，上海方面在选送这份礼物时，为表示这张股票的正规和真实有效，特地在股东栏里填上了时任中国人民银行上海分行副行长周芝石的名字。当时，范尔霖接过股票，眼睛一亮，异常高兴。他毕竟是证券业的行家，细细看了两眼后就提出了问题："这股票上面是谁的名字？"翻译告诉他："周芝石。""噢？我的股票不能用别人的名字，我要到上海去过户。"后来，他真的率领着浩浩荡荡的队伍乘坐飞机来到上海，办理了过户手续。这张当年面值50元人民币的股票，如今身价飙涨了万倍，现珍藏于纽约证券交易所档案馆。

第六章 传播篇

壹

中国是印刷术的故乡，印刷术的根在中国。在全球文明交流与互鉴的过程中，中国的印刷术逐步传播到了世界其他国家。从唐代开始，在遣唐使、商人、僧侣等的推动下，中外交流频繁，不少中国印刷品传到了海外。宋、元、明三朝之际，中国与世界的联系更为紧密。值此之机，中国印刷技术得以向西方国家传播。

在印刷术的传播过程中，有不少经典故事值得回味。

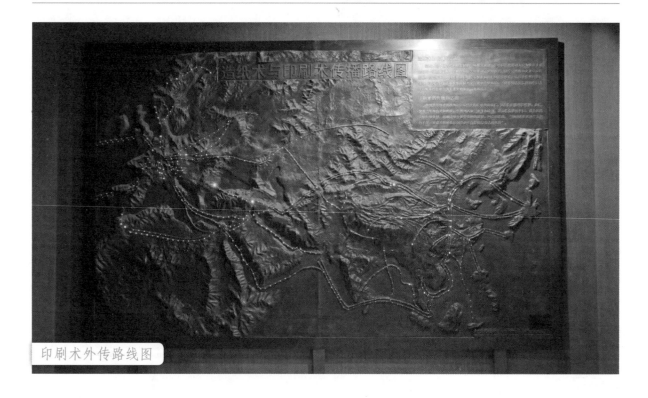

印刷术外传路线图

远扬海外的经书

——《无垢净光大陀罗尼经》

《无垢净光大陀罗尼经》，也许你觉得这个名字十分不好记，但它是我国唐朝时期一本十分著名的畅销书，当时的佛教徒人人都知其名，其盛名更是远播海外。公元770年，日本天皇刻印此经100万卷，足见其影响之深。

《无垢净光大陀罗尼经》（复制件）

《无垢净光大陀罗尼经》主要是宣传造佛塔、持诵该经书可延年益寿、消灾弥难的思想。诵读此经，并将其置于佛塔供奉，可灭一切罪，除一切障，满一切愿，成就功德无量，可护佑平安。这部经书是在公元701年由唐朝高僧法藏和中亚古国吐火罗国高僧弥陀山于洛阳翻译，最初命名为《无垢净光陀罗尼经》，之后被进献给武则天。武则天获得此经后大为欣喜，在经名中加了一个"大"字，遂定名为《无垢净光大陀罗尼经》。

1966年，韩国在庆州市佛国寺释迦塔内发现了一份《无垢净光大陀罗尼经》。由于年代久远，经文已经残破成几块。学者们发现，这部经书印有武则天女皇帝所创造的文字，因而其刻印时间远远早于被发现的其他雕版印刷品，可以说是目前所知世界

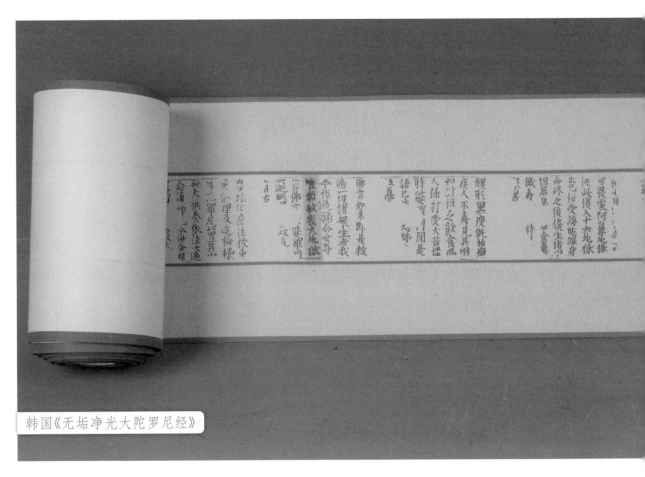

韩国《无垢净光大陀罗尼经》

上最早的雕版印刷品。在中外学者的不断研究下，通过对经文的版式、文字、纸张及相关历史进行研究，最后确认这卷经书应该是于公元704年至751年在我国洛阳刻印，最后由使节带到韩国。此卷《无垢净光大陀罗尼经》是中国印刷品传至朝鲜半岛的重要物证，也是唐朝时期中韩文化友好交流的重要见证。

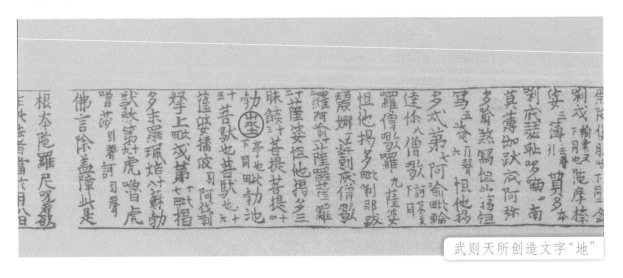

武则天所创造文字"地"

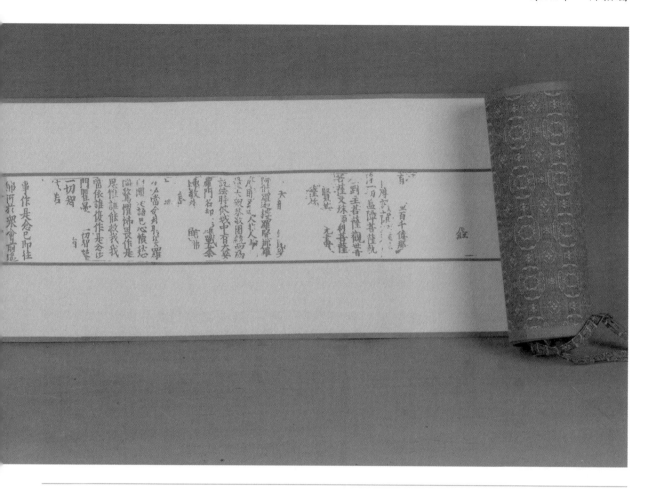

高丽大藏经

　　高丽是第二个统一朝鲜半岛的国家，全国上下信奉佛教。公元983年，北宋政府组织刊印完中国历史上第一部佛教大藏经《开宝藏》后，高丽国王三次派遣使臣前来求法，期望也能刻印高丽版大藏经。然而，1009年高丽国内发生政变，武官康兆将国王杀死。由于高丽国王自称为北方辽国的臣子，1010年辽国以康兆弑君及辽使被杀为由，出兵征伐高丽。高丽新君显宗仓皇出逃。在南方避难的时候，显宗与群臣发愿，若辽国退兵，就刻印大藏经。凑巧的是，显宗发愿刻经后，辽国军队因担心战线拖得太长，粮草不济，就班师回朝了。显宗觉得是佛祖庇佑，高丽国才得以幸存，因此开始雕刻高丽版大藏经，此部大藏经的经文风格与北宋政府组织刻印的《开宝藏》基本一致。

公元13世纪，北方蒙古日渐强盛，四处开疆拓土。高丽高宗迁都江华岛，开始刊刻大藏经，希望借助佛教的力量来驱逐外敌、凝聚民心，共历时16年刻成。此版大藏经共用雕版8万余块，故称"八万大藏经"。在完成这部卷帙浩繁的经书刊刻之后，高丽国王为了巩固统治，答应将世子作为人质，蒙古帝国才退军。1273年，高丽投降元朝，成为元朝的附属国。目前，该大藏经经版存于海印寺。

《瑜伽师地论》 韩国国立博物馆

《佛祖直指心体要节》

《佛祖直指心体要节》是一本在韩国家喻户晓的佛经。韩国人以它为骄傲，不仅一些街道以此经命名，教科书中有所记载，而且韩国政府更是以此经设立了"直指国际文化节”与“直指世界记忆奖”。那么，该经是怎么来的？为何如此重要？

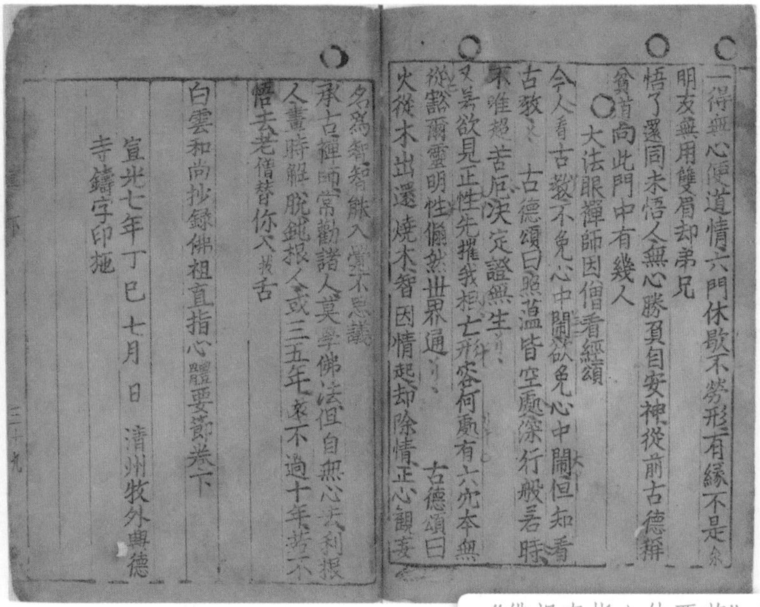

《佛祖直指心体要节》

在北宋庆历年间，毕昇发明了泥活字印刷术。此种方法不仅可以节约成本，免去了刻版的费用，而且很好地提高了印刷效率。此种技术后来传到了朝鲜半岛。1377年，韩国兴德寺出版印刷了高僧白云和尚汇编的《佛祖直指心体要节》。此本经书的内容并没有太多的特色，其特殊之处在于文中的一句话——“宣光七年丁巳七月日清州牧外兴德寺铸字印施”。这句话标明了该书的发行时间为1377年，是采用金属铸活字排版印刷而成的。

韩国学者发现，这本书是目前世界上发现的最早的金属活字本。中国虽是活字印刷术的发明国，发现有宋元时期的金属活字，但是尚未发现早于1377年的金属活字印刷本。我国活字印刷术传入朝鲜半岛后，极大地推动了当地的文化发展。2001年9月，《佛祖直指心体要节》被联合国教科文组织收入“世界记忆遗产名录”。然而这本书并未保留在韩国。1887年，法国驻汉城公使德普兰西获得此书，如今藏于法国国家图书馆。

延伸阅读

“世界记忆遗产名录”是由联合国教科文组织世界记忆工程国际咨询委员会确认符合世界意义的文献遗产项目。这些宝贵的文献遗产是世界精神文化的一面镜子，承载着人类重要的精神财富。截至2016年，我国已经有十项文献遗产列入“世界记忆遗产名录”。它们分别是中国传统音乐录音档案、清代内阁秘本档、云南省丽江纳西族东巴古籍、清代科举大金榜、清朝“样式雷”建筑图档、《黄帝内经》、《本草纲目》、侨批档案、元代西藏官方档案、南京大屠杀档案。

朝鲜崔溥的"奇幻漂游记"

《漂海录》

1488年，朝鲜人崔溥在接到父亲去世的消息后，从海边乘船回家奔丧，结果在济州不幸遇到了大风浪，在海上漂流了14天后，最后他发现自己来到了中国，于是开启了一段传奇之旅。他与同伴从江南出发，沿大运河北上，在北京觐见了明朝皇帝，之后由陆路回到朝鲜。回国后，他把这段经历写成了"日记"，以《漂海录》之名进呈给朝鲜皇帝。这本"游记"因为记载了明朝弘治年间社会、政治、经济、市井生活等各个方面，有不少关于中国的故事，因此在朝鲜大受欢迎。现存《漂海录》最早的印本是朝鲜成宗年间以甲寅铜活字印行的，现藏于韩国高丽大学校图书馆。甲寅字是朝鲜时代使用最为广泛的铜活字，当时重要的书籍均用其印刷。

> **● 延伸阅读**
>
> 朝鲜世宗十六年甲寅（1434年），以明永乐十七年（1419年）所赠送《孝顺事实》以及《为善阴骘》等内府刊本字体铸字，称为甲寅字。此款字体精美，造字精细，被称为"朝鲜万世之宝"。

印刷文化的传播使者
——鉴真

鉴真是唐代的一位得道高僧，佛教律宗南山宗传人。应日本高僧请求赴日弘扬佛法，鉴真不畏艰险，曾先后6次尝试东渡日本。当时由于造船技术的局限和对季风规律掌握的差距，从扬州穿越东海经常发生船毁人亡的事故，没有视死如归的冒险精神是不敢扬帆启航的。在前5次的东渡尝试中，鉴真均未能成功。尤其是在第5次东渡过程中，鉴真及其门徒在海上漂流了14天，最后到了海南岛。回寺的途中，得力弟子先后去世，鉴真深

鉴真像

受打击，以致双眼失明。然而一系列挫折并未使鉴真退缩，反而愈发坚定了他东渡日本传法的信念。公元753年，60多岁高龄且已失明的鉴真大师随日本第10次遣唐使团最终抵达了日本，受到日本朝野僧俗的盛大欢迎。

延伸阅读

从公元7世纪初至9世纪末，日本为了学习中国文化，先后向唐朝派出十几次遣唐使团。其次数之多、规模之大、时间之久、内容之丰富，可谓中日文化交流史上的空前盛举。遣唐使对推动日本社会的发展和促进中日友好交流作出了巨大贡献，结出了丰硕的果实，成为中日文化交流的第一次高潮。

当时，日本的天皇、皇后、皇太子和其他高级官员都接受了鉴真的三师七证授戒法，皈依佛门。公元759年，鉴真在奈良唐招提寺著《戒律三部经》。由于求经的人过多，鉴真采用了雕版印刷术来印经，此被视为日本印经之开端。此后，更多僧侣运用此种方法来印佛经、佛像。印刷术的使用为日本文化的发展作出了不可磨灭的贡献。公元763年，鉴真于唐招提寺圆寂，终年76岁，被日本人民誉为"天平之甍"，象征日本奈良时代天平时期的文化屋脊。

作为中日文化友好交流的使者，鉴真在日本传播了中华优秀的文化成就，被赞为日本"文化之父"。

日本刻经史上壮举
——百万经塔盛经书

"百万塔陀罗尼"为日本佛教史上的一大盛举。公元770年，称德女皇用印版复制了一批密宗咒语《无垢净光大陀罗尼经》，将其安置于100万座小木塔中。世人称之为"百万塔陀罗尼"。如今，日本仍保存着数量不少的存经木塔与经文。

主持刻经工程的称德天皇，为圣武天皇次女。由于深迷佛法，她于公元758年让位于淳仁天皇，遁入空门，自称孝谦上皇。公元764年，外戚藤原仲麻吕发动叛乱。叛乱初起时，孝谦上皇发弘愿，如能平叛，愿造百万佛塔，每塔置佛经一卷。是年，成功平叛，孝谦上皇重登皇位，号称德天皇。为还佛愿，女皇开始着手进行刻经工作，选

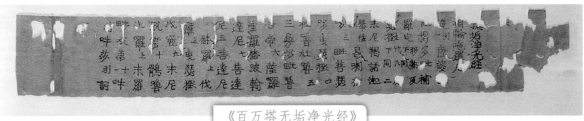

《百万塔无垢净光经》

用了《无垢净光大陀罗尼经》中的《根本》《自心印》《相轮》和《六度》四个陀罗尼经咒，分别置于百万经塔之中。女皇刻印如此之多的佛经，与其本人深信佛法密切相关。《无垢净光大陀罗尼经》讲求多造塔、多刻经，刻经、造塔越多，功德越高，就可消灾弥难，延年益寿，获无量福德，成办道业。女皇虽造佛塔达百万之多，然而在刻经完成当年即去世。

旅日汉人的印刷故事

南宋王朝建立之后，虽偏安一隅，但一直内忧外患不断。时局动荡，不少汉人前往海外避难，高僧大休正念便是其中一个代表。大休正念是南宋临济宗高僧。应日本镰仓幕府北条时宗的邀请，大休正念东渡日本，传授禅宗临济宗禅风，在日本创禅宗佛源派（也称大休派）。大休正念为日本禅学的发展作出了卓越贡献。1284年，他主持印刷了《法华三大部》，该书中印有"大宋人卢四郎书"字样，说明了除大休正念外，当时也有不少汉人工匠留在日本，直接参加了日本的印刷活动。

1367年，福建刻工俞良甫、陈孟荣、陈伯寿等人抵达日本，在京都参加刻书工作，甚至自行开业。其中以俞良甫最为知名。他在日本印书30年，刊刻了不少带有中国烙印的书籍，在不少书籍的后面都会表明自己是中国人，如"中华大唐俞良甫学士谨置""大明国俞良甫刊行""福建兴化路莆田县仁德里人俞良甫，于日本嵯峨寓居"。书中的中华大唐、大明国、日本寓居等字样，都表达了俞良甫思念故乡的情怀。

明末清初之际，福建隐元禅师应幕府之聘来到日本。1661年，他在京都建黄檗山万福寺，创黄檗宗。宗门弟子铁影观摩隐元禅师所藏真经之后，坚定了追求无上真理、解救大众苦难的信念，发出翻刻《大藏经》的宏愿。铁影为筹募经费，沿门托钵化缘。最终，铁影在隐元禅师的协助下，于1669年至1681年用6万块樱桃木雕版，印成了全部《大藏经》。因为这部经是在黄檗山万福寺刻印的，所以被称为"黄檗版"，这套雕版今天还保存在万福寺中。

可以说，日本印刷业的发展与中国工匠的帮助是分不开的，旅日汉人在日本刻印了不少经典，同时培养了一批优秀刻工，对日本印刷事业的发展作出了重大贡献。

活字印刷传入日本

1592年，日本入侵朝鲜，意欲图谋中国。在入侵朝鲜之后，日本人将在中国影响下的朝鲜活字技术带回国，并于次年以活字印刷术印刷了《古文孝经》。1597年，日本又印刷了活字本《劝学文》。该文题记中写道："命工每一梓镂一字，綦布之一版印之。此法出朝鲜，甚无不便。因兹摸写此书。庆长二年（1597年）八月下澣。"意思就是，每一块版上刻一活字，排版好后印刷。日本的活字印本，以木活字为多，有少量的铜活字。在日本，也有不少汉人参与到了当时的活字印书活动中。1616年，汉人林五官补铸了许多铜活字用于出版《群书治要》。《群书治要》在中国早已失传，而日本却有印本。中国印刷术传入日本，不仅促进了日本文化的发展，也使中国久已不传的书得以保存下来。

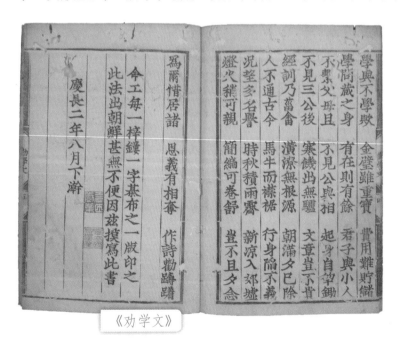
《劝学文》

日本雕版印刷的高峰
——浮世绘

　　浮世绘，因其创作内容多为日本市民生活、事态人情及花街柳巷之事，而广为人知。作为日本江户时代最有特色的画作，浮世绘是顺应日本市民文化高涨而产生的，多用作装饰或作为书籍插图。浮世绘除手绘作品外，更多的为彩色印刷的木版画。为了增加画面的美感，画师会在刻好的作品上绘色。另有一些绘画师采用了中国的套色印刷工艺来增强画面美感。其中，奥村政信发展了红绘技术，即朱墨双色套印。有些浮世绘还以淡墨及深墨套印，使山水画产生更好的艺术效果。此外，铃木春信于1764年在技师金六的帮助下，完成了锦绘的多色版画。这种技法受到中国明清拱花印法的

葛饰北斋《神奈川冲浪里》

启发，在拓印时往往压出一种浮雕式的印痕。经过一代又一代大师的不断创新和发展，浮世绘艺术以其独特风格对世界画坛产生了重要影响。

中国印刷术在越南的传播和影响

越南和我国毗邻，两国自古以来就在文化上有着友好交流的历史。

大约在公元3世纪时，我国的造纸术就可能传入了越南北方，那时越南就曾将自产的纸运进中国。

11世纪时，中国的书籍传入了越南。当时的北宋政府应越南的请求，先后赠送给他们三部《大藏经》和一部《道藏经》。越南的使节也常在北宋的京城购买书籍，或者用土产、香料换回书籍。大量的中国书籍流传到越南，对越南的刻版印刷技术发展无疑起到了启迪作用。

到了13世纪50年代，越南用木版印成了"户口帖子"，这是见于越南史书记载的最早的印刷品。但越南政府正式出版书籍，则是1435年的事（一说1427年），刻印了儒家经典《四书大全》。此后，又刻成了"五经"印版。

由于官刻书籍愈来愈多，政府不得不在文庙（孔子庙）专门造库储存。越南官刻书也仿照中国，有国子监本、集贤院本、内阁本等。与此同时，民间坊刻也多起来了，他们也仿照中国书坊的名称，起名为文会堂、锦文堂、广盛堂、聚文堂、乐善堂等，河内就是书坊的集

● 延伸阅读

1443年、1459年，越南黎朝探花梁如鹄两次奉命前注中国。此时，明朝文化兴盛，书籍印刷日渐普遍。梁如鹄看到明人刻书的方法后，细心学习，回到越南后，并认真教其同乡嘉禄县人仿刻，而被同县的刻工封为先师。后来，越南河内、南定、顺化等地的刻字工人多为嘉禄县人，河内各处书坊的主人也多为嘉禄县人，有的到20世纪初仍在刻书。

《老鼠娶亲图》

中地。刻坊用汉文和越南文刻印了佛经、经、史、诗文集、儿童读本、家谱、传记、小说等，《三国演义》尤其盛行。

到了18世纪初，越南也有了木活字印本。现知较早的印本是1712年出版的《传奇漫录》。后来越南政府又从中国买去了一副木活字，印刷了"钦定""御制"一类政典、诗文集等。可见，越南的活字印刷术也是由中国传去的。

越南的版画也受中国影响很深。他们彩印的年画从题材到印刷方法都和中国的年画相似，有的可以说是中国年画的翻版。如《老鼠娶亲图》，画面刻画出由一群老鼠扮演了送礼的、抬轿的、吹号的，和骑马的新郎官，场面热闹，妙趣无穷，滑稽可笑。还有一幅彩印年画《关公骑马图》，关羽骑在马上，一手握着马缰绳，一手提青龙偃月刀，目视前方，按辔徐行，简直和中国年画一样。由此可见，越南印刷受中国影响之深。

中西印刷的结合地
——菲律宾

菲律宾与我国隔海相望，两国自古以来交往就十分密切。海上丝绸之路的兴盛，更是加强了中菲之间的联系，也开辟了一条我国南方沿海居民迁徙到菲律宾的通道。不少华人在菲律宾经商、务农，为印刷术向菲律宾传播提供了重要条件。1405年，郑和下西洋，途经吕宋，在当地会见了许多福建侨商，并应侨商请求任命福建晋江籍华侨商人许柴佬为吕宋总督。此后直到1424年，吕宋岛的最高行政长官都是这位华侨商人。那时，菲律宾人口较少，经济文化落后，来到此地的中国印刷工人直接开创了菲律宾的印刷事业。

随着新航路的开辟，欧洲的船队开始出现在世界各处。基督教教徒登上这些商船，随着船队传播教义。1521年，麦哲伦探险队于首次环球航海时抵达了菲律宾群岛。不久之后，西方基督教教徒便抵达菲律宾，开始传教活动。中国印刷术与西方教义开始于菲律宾发生结合。

欧洲的传教士们想教化菲律宾当地民众，需印发大量教会资料。1593年，中国印刷工人龚容采用雕版印刷术印刷了《基督教义》。此外，他还利用汉文和菲律宾本土语言刊印了基

《基督教义》

苏禄国东王墓

苏禄国是古代统治菲律宾苏禄群岛、巴拉望岛等地区的一个国家。郑和七下西洋，大大提高了明王朝在海外的声望，形成了万国来朝的局面。1417年，苏禄国东王、西王、峒王带着家属和随从，越南海，踏风浪，来到中国朝拜明朝皇帝朱棣，敬献珍珠、宝石等物。在回去的途中，苏禄国东王突患急病，客死山东德州。东王被就地安葬，明成祖朱棣亲自为东王写了悼文。从此，中国的土地上就多了这座外国国王墓，它见证了中菲之间的友谊。1988年，该墓被国务院公布为第三批全国重点文物保护单位。

督教典籍《无极天主正教真传实录》，现仅存一本，保存在西班牙马德里国立图书馆中。1602年，龚容在西班牙神父的指导下制造了菲律宾第一台印刷机。1604年，龚容用活字印刷了《玫瑰教区规章》。1606年，其他中国印刷工人印刷了《新刊僚氏正教便览》，书名页及序文三页为西班牙文，正文为汉文。1607年，中国印刷工人还印刷了《新刊格物穷理便览》。菲律宾成为西方了解和学习中国传统印刷术的一个重要地点。

近代中国印刷发展的海外源头
——马来半岛

中国与马来西亚的友好交往已有2000多年的历史。在漫长的岁月中，两国人民结下了深厚的友谊。1400年，马六甲王国建立。1405年，明成祖朱棣承认其国王地位，并赠诰印、彩币、袭衣、黄盖以及镇国碑文。1411年、1419年，拜里米苏拉国王率领家属与陪臣到中国访问，明朝政府给予盛情接待。郑和七次下西洋，其中五次抵达了马六甲王国。在交往过程中，不少中文印刷品传到了马来半岛。随着明中后期中外贸易的增加，大量国人下南洋谋生。1641年，荷兰取代葡萄牙成为马来半岛南部的新霸主。后来，马来半岛又成为了英国的殖民地。马来半岛虽然主权有所变化，但其一直是近代欧洲基督教文化向东亚、东南亚传播的重要基地，而当地熟练掌握印刷术的中国工匠成为了传播基督教教义的重要帮手。

1720年，康熙皇帝宣布对基督教开始实现禁教。因害怕基督教教义蛊惑人心，继任的清朝皇帝对基督教一直采取严酷的打击措施。直到1840年第一次鸦片战争爆发后，清政府战败，才逐步"弛禁"，允许外国人传教。在此期间，基督教传教士们为了在华宣传基督教教义，想尽办法躲避清政府的搜查，便将马来半岛作为了印刷场所。1815年，中国印刷工人梁阿发受雇于马礼逊和米怜，到达

《劝世良言》

马六甲印刷基督教文书，并于当年印刷了第一份汉文期刊《察世俗每月统计传》，于1823年印刷了《圣经》。1832年，梁阿发将自著的《劝世良言》印成单本发行。梁阿发与其弟子在马六甲、新加坡的印经活动，对中国国内基督教的传播产生了十分深远的影响。太平天国领袖洪秀全就是在科举考试失利后，受到《劝世良言》的影响，掀起了清朝时期规模最大的一场农民运动——太平天国运动，这场运动直接加速了清王朝与封建制度的衰落与崩溃。梁阿发在马来半岛学到了西方近代印刷技术，可以说是中国近代印刷史上的第一人。

蒙古西征与印刷术的西传

自张骞通西域，陆上丝绸之路更为兴盛，中国与西亚诸国的交往更为频繁。诸多商人沿着陆上丝绸之路往返于亚洲、非洲和欧洲之间的广袤地区，中国印刷术也随着文化交流、贸易和战争逐步向外传播。

西征之后，蒙古大军以武力打通了东西方之间的通道，从东边的中国到西边的东欧地区，都纳入了蒙古帝国的统治。在我国到西亚之间广阔的地域中，蒙古大军都设有驿站驻兵把守，保障东西方交往的安全。中国先进的文化技术随着丝绸之路更加畅通无阻地向西方传播。成吉思汗的孙子旭烈兀在中亚和西亚地区建立的伊利汗国，成为了东西方贸易和科学文化交流的重要枢纽。

史书上就记载了伊利汗国印刷"中国版"纸币的故事。由于伊利汗国海合都国王十分慷慨，没事就喜欢给人赏赐，因此对他而言最缺的就是钱。1292年，财政大臣撒都鲁丁建议效行中国发行的纸币，将金银收入国库，发放纸币替代铸币通行于国内。此建议得到了国王海合都的赞赏。1294年，伊利汗国在达布里士开始印造纸

延伸阅读

《元史》记载："斡罗思等内附，赐钞万四千贯，遣还其部。"是说元英宗时期，俄罗斯等小公国内附，蒙古大汗赐给俄罗斯等国纸钞一万四千贯。这也是中国文献中有关西方国家使用中国纸币的最早记录。

至元通行宝钞

币。但是由于发行纸币经验不足，人们用纸币换不到多少东西，最后纸币的发行以失败而告终。印刷纸币的行为说明当时伊利汗国拥有了大量的印刷工，且印刷工艺较为高超。1310年，伊利汗国的首相拉施都丁在其所创作的《史集》当中，首次对中国的雕版印刷术进行了清晰描述，这也是西亚地区目前发现最早的对中国印刷术进行记载的史料。这也说明在1310年前中国雕版印刷术在伊利汗国得到了较大规模地运用。

在埃及也发现了中国印刷术使用的证据。1878年，在埃及的法尤姆地区，考古学家从一座古墓里发现了50多件印刷品，其中有采用中国雕版印刷术印刷而成的《古兰经》。

在14世纪的欧洲，中国印刷术极大地推动了纸牌制造业的发展，意大利威尼斯的纸牌制造业盛极一时。纸牌制造业的发展，使越来越多的欧洲人了解到了中国印刷术。

往返于东西方之间的使者

1219年至1260年间，蒙古帝国开展了三次西征运动。在这长达近半个世纪的战争中，蒙古统治了从东亚到东欧、西亚之间广袤的土地，建立起了空前的大帝国。在战争的推动下，东西方交流达到了一个空前活跃的状态，双方的使者、商人、传教士、学者、工匠和游客沿陆上丝绸之路相互访问。

1245年，罗马教皇英诺森四世为防止蒙古军队的进一步入侵，决定派遣教士出使蒙

1290 年伊利汗国阿鲁浑君王写给教皇尼古拉四世的信

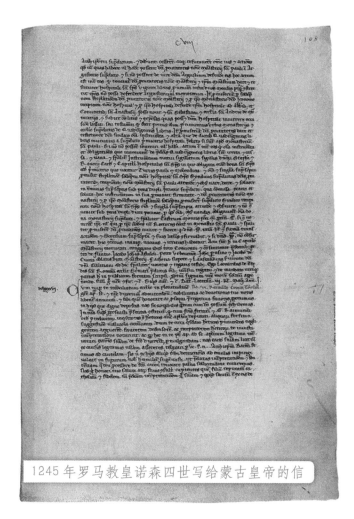

1245 年罗马教皇诺森四世写给蒙古皇帝的信

古，劝其不要再攻击其他民族，并希望能够信仰基督教。柏朗嘉宾受命以后，于次年抵达到了蒙古帝国的首都。1247年，柏朗嘉宾返回法国后，将自己的见闻记录下来，并对中国进行了介绍。1253年，法国方济各会士鲁布鲁克受国王之命抵达蒙古帝国，两年归国后写下著作《东游记》，并对中国的纸币印刷技术进行了介绍。此外，马可·波罗在《马可·波罗行记》中，栩栩如生地描绘了他在中国的见闻，激起了欧洲人对东方的向往。

在蒙古帝国的统治期间，东西方的交流进一步加强，也有不少东方人前往西方进行探索交流。1276年，巴琐马带领其弟子马忽思从北京出发，前往耶路撒冷圣地求法。他们经过新疆，穿过伊朗，于1280年到达巴格达。后来，巴琐马受伊利汗国国王阿鲁浑的使命，于1287年访问欧洲，开启了一趟西欧一年游，期间拜访了罗马教皇，顺访意大利热那亚及法国巴黎。巴琐马用波斯文记录了此趟游记。

蒙古西征，推动了东西方之间的直接联系，西方商人和传教士抵达中国进行贸易和传教活动，中国的商人、将士与教徒也前往西方探索。在文化的交流互鉴下，中国不少先进技术通过陆上丝绸之路传到欧洲，中华文明为欧洲的中世纪生活注入了新的生机与活力，对欧洲近代文明的诞生产生了重要的推动作用。

欧洲现存最早的雕版印刷宗教画

——圣克里斯多夫与耶稣渡河像

中国的雕版印刷术传入欧洲后，也同样用于印刷宗教画像，以便于更好地宣传基督教教义。人们在德国奥格斯堡一所修道院的图书馆里，发现了现存最早的欧洲雕版印刷品——1423年的《圣克里斯多夫与耶稣渡河像》。圣克里斯多夫是一名虔诚的基督教徒，他立志于服侍世界上最伟大的君王，却没有如愿。后来，他在河边造了一间房子，有人渡河，他就把人背过去，以此来服侍基督。一天夜里，一个小孩请他背过河。克里斯多夫把小孩抱起来放在肩上，拿起一根木杖，走到河里。不料河水渐渐高涨，小孩重得像铁块一

德国雕版印刷品《圣克里斯多夫与耶稣渡水像》（1423 年）

样。一路向前走，河水越涨越高，小孩越背越重。他好不容易才把小孩背到对岸，然后感叹道："孩子，我的命几乎丧在你手里。想不到你的身体生得这样重，我生平第

延伸阅读

欧洲早期印刷品大多为宗教画，画面较为粗放，刻工刀法并不娴熟。其中最有名的雕版印刷品是现藏于英国国家图书馆的德国刊印的《注生之道》，用圣像及《圣经》文句介绍安乐地离开人世的方法，可以断为1450年间的作品。比其稍早时印刷的还有《默示录》，也是宗教画，年代大约为1425年。

欧洲雕版印刷品《默示录》

一次遇到这样重的人。那时就好像整个宇宙的重量都压在我背上似的。"小孩答道："你不必惊奇。你刚才背负的，不仅是整个宇宙，连创造宇宙的主宰，也背在你肩上了。我就是耶稣基督，你所事奉的主人。你既然忠心事奉了我，现在你把木杖插入土里，明天就会开花结果。"克里斯多夫依言把自己的那根木杖插在土里，第二天真的开花结果了。

图画上，圣克里斯多夫艰难地背着手捧十字架的年幼耶稣渡河，手上的木杖已经发芽结果。图下有两行字，意思为"见圣克里斯多夫像，则今日能免一切灾害"。信仰者通过印刷此种圣像，使灵魂得到安慰与救赎。值得注意的是，画面左下角还有从中国引入的水车的图案。

伟大的印刷革新家

——谷登堡

谷登堡像

谷登堡被誉为"西方的毕昇"，他发明的机械印刷机导致了一次媒介革命，迅速推动了西方教育和文化的发展。

受中国活字印刷术的影响，1438年左右，谷登堡开始研制铅活字印刷术，用铅铸出简单的字母符号，进行排版，然后印刷书籍。经过长期的努力探索，他逐步解决了金属活字铸造和印刷所面临的技术问题。1450年至1455年，谷登堡在富商富斯

《四十二行圣经》

谷登堡博物馆位于德国莱比锡美因茨，馆内不仅展示了谷登堡对世界印刷发展的杰出贡献，还展示了东亚的印刷术。中国印刷博物馆在谷登堡博物馆亦设有展厅，以弘扬我国古老的印刷文明。

中国印刷博物馆内谷登堡展区场景

特的资助下，铸出了较大字号的金属活字，用于刊印多纳图斯的拉丁文著作。然后，他又用小号的金属活字印刷出版了《四十二行圣经》。用机械印刷书籍，极大地推动了书籍的印刷速度。1462年，德国美因茨发生动乱，印刷工匠们四处逃命，谷登堡的铅活字印刷术随之扩散到德国各地乃至世界各国。

第七章

印博攻略

中国印刷博物馆位于北京市大兴区兴华北路25号，乘坐地铁4号线在清源路地铁站A出口出，即可抵达博物馆正门，被称为与地铁站零距离的博物馆。

中国印刷博物馆是目前世界上规模最大的印刷专业博物馆。在博物馆主楼前立有一座功德碑，功德词是由我国著名书法家启功先生书写。在博物馆的外侧墙上有两件浮雕，一件是世界上最早有明确纪年的雕版印刷品《金刚般若波罗蜜经》扉画，另一件是王祯创造的转轮排字盘，凸显了我国古代优秀灿烂的印刷文化。

中国印刷博物馆

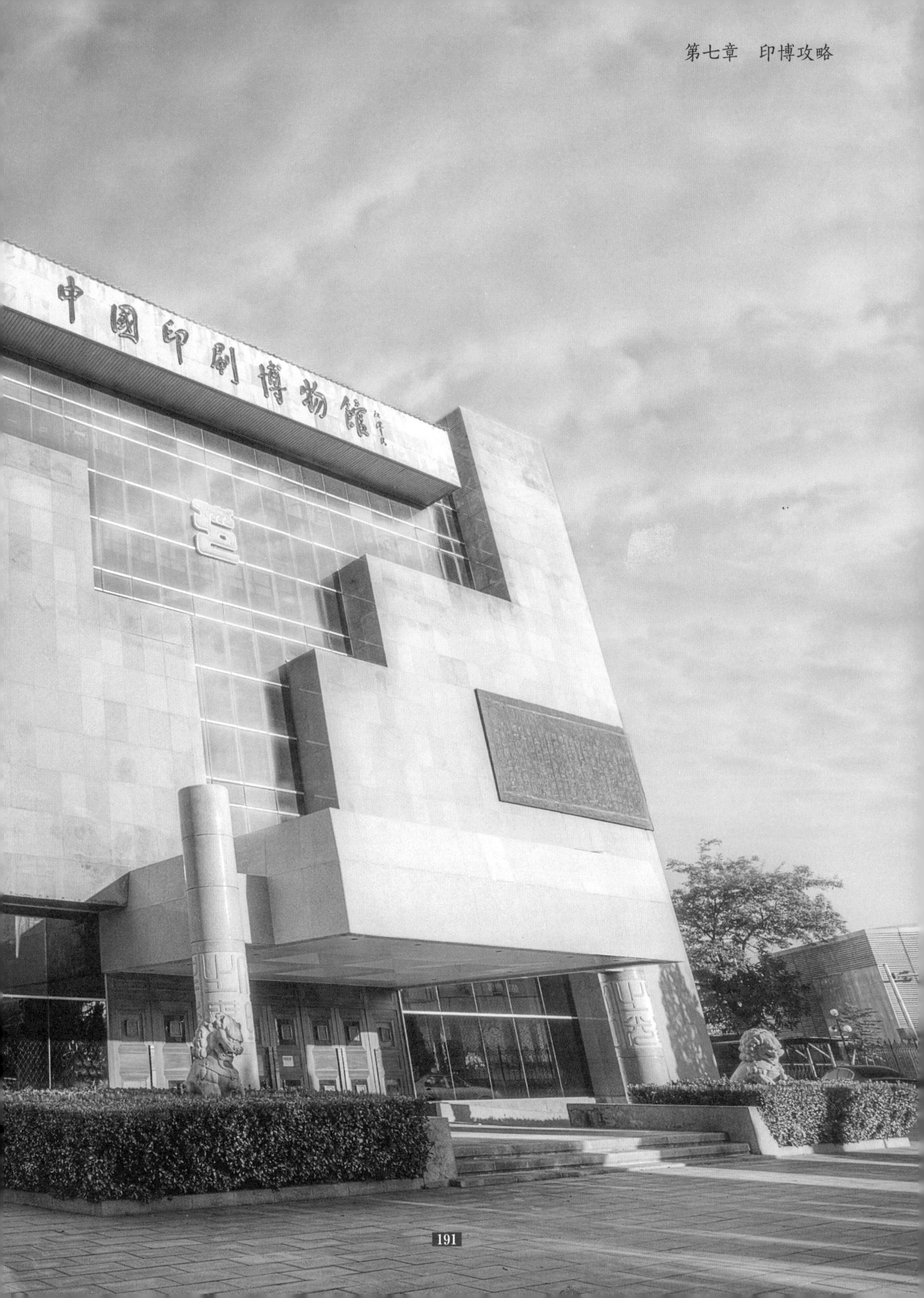
中國印刷博物館

　　馆内有四层展览。一楼主要展示中国古代印刷发展史。走进一楼，最先看到的是博物馆的序厅——"版印中华"。序厅整体就像一本打开的书，记载了不同历史时期人们对印刷术的记载。书的正中央是宋代科学家沈括《梦溪笔谈》中有关毕昇发明泥活字的最早记录。右侧的文字为王祯所著《农书》中有关木活字印书的记录。清代乾隆时期，武英殿组织了一场大规模的印书活动，左侧文字就是对此进行记录的《武英殿聚珍版程式》。序厅采用了1400多块、40厘米×40厘米大小的榆木版，木版又做高低起伏，呈现出活字的效果，以此凸显雕版印刷与活字印刷在中华文化中的突出贡献。序厅正中央为王祯发明的转轮排字盘，这是中国乃至世界上最早的印刷机械，凸显了我们古代印刷先贤的创造和创新精神。此处地板都是采用榆木铺设，气质古朴，人少之时，一个人坐在此处，会有心灵平和之感。

中国印刷博物馆序厅

印刷小屋

印刷设备馆

古代印刷展

二楼　近现代印刷展

三楼　红色印刷展

亲子互动体验印刷术

传统印刷术互动体验

来博物馆参观的学生留影

博物馆明星机器人"小胖"

　　游完序厅，可参观古代印刷展厅。展厅分为四个部分，阐述了中国古代印刷的源头、发展、传承与传播。观众们根据地面上的参观指示标志——游览，从中可以发现不少有趣的地方。为了让观众有更好地参观体验，设计了不少现代多媒体展示手段。每个周末，许多家长都会带着小朋友来博物馆一楼的古文字识别处做互动游戏。

　　一楼游览完后，顺着楼梯可以来到二楼的近现代印刷馆。二楼展厅布置有不少印刷机械，观众们可以感触到百年前的印刷工艺，遥想当时热汗淋漓的印刷场面，体会当时印刷工人的辛劳。此外，二楼还展示了当代的印刷工艺，观众们可以体会到印刷技术百年来的沧桑巨变。一间别致的印刷小屋设置在二楼的一角，屋内摆设及图书全是采用无污染的现代印刷材料，观众们可以体验绿色印刷的发展。

　　三楼则是临时展厅。博物馆会定期更换展览，大家可以在博物馆的官网上（www.printingmuseum.cn）看到最新的消息。此外，三楼设有一个数字展厅，观众们可以在此观看3D电影，体验印刷术的VR游戏。还有，博物馆的当红机器人"小胖"会陪你一起逛博物馆。

　　博物馆地下一层的印刷机械设备馆里陈列了近百件印刷机械设备，展示了近现代以来中国印刷机械的发展历史，其中不少机械已是世界绝版，喜欢机械的观众朋友们可千万不要错过。

　　中国印刷博物馆是大家的博物馆，欢迎您的到来！

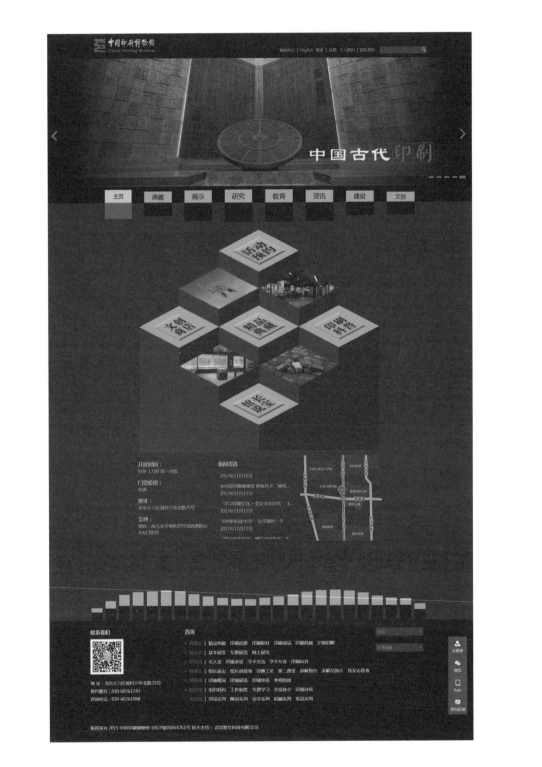

中国印刷博物馆官网

后 记

作为博物馆工作从业者，我们感到十分荣幸，能近距离地与印刷文物相接触，感受印刷术深厚的文化内涵。同时，我们也倍感压力，如何实现博物馆与观众们的"零距离"，让观众们喜欢上博物馆。为此，我们思考过许多，如对博物馆展陈设计进行改造升级，对展览互动方式进行优化设计，为观众们创造一个更为舒适的参观环境。然而，要让展厅里的文物走进观众的心间，还需要我们不断地提高讲故事的能力，将一件件文物背后的故事挖掘出来，讲述文物背后的文化技艺内涵和与文物相关的趣事。

如今，中国印刷博物馆正着眼打造成为一个"知识性+趣味性""专业化+大众化"的博物馆，为弘扬包括印刷文化在内的我国优秀传统文化、更好服务广大人民群众精神文化需求而努力，为建设成为国内外知名博物馆而奋进。"专业化素养"+"大众化表达"成为中国印刷博物馆工作的一个重要标准，也就是在对文物进行专业化研究的基础上，进行大众化表达，让广大观众能听得懂、看得有趣。十分感谢九州出版社的约稿，中国印刷博物馆组织了一批业务骨干合作完成了此书相关内容的编写工作。在此，对九州出版社在编辑出版工作中给予的帮助与支持表示感谢，更对出版社同人重视科普、讲好中国故事的理念和执着表示敬意。

本书根据印刷术发展的不同阶段，讲述了不同时期的印刷故事，其中起源篇由方媛负责，雕版篇由谭栩炘负责，活字篇由赵春英负责，近现代篇由高飞负责，红印篇由李英负责，外传篇由谷舟负责，印博攻略由张贺负责。书稿经多次修改，最终定稿。因经验和水平所限，书中仍存在瑕疵和不足，敬请各位读者批评指正。希望此书能帮助广大读者更好地了解中国印刷出版文化，从中感受到中国印刷术的无穷魅力，并能够对如何看待当今印刷文明有自己的思考和感悟。

编 者

2018年12月